WEAR TO

时髦星球

WHERE

齐　奕◎著

吉林科学技术出版社

谨以此书献给
我的爸爸、妈妈、齐崇先生、吕思明先生，
感谢你们一直以来的支持和信任！

推荐序

三年前，当齐奕带着这本书的创意询问我意见时，我鼓励她放手去做。且不说拍照已成为很多爱美一族的主要出游动机，在这个“颜值即正义”的世界，早就该把我们的“食、住、行、游、购、娱”旅游六要素再加一个“衣”了——这个“衣”往小了说是怎么穿，往大了说是审美。

曾几何时，穿一身鲜亮的冲锋衣走天下还是一种时髦，时至今日，人们已不愿意脑门上贴着个“游客”的标签招摇过市。越来越多旅行者趋向于深度的体验式旅游，想融入目的地社区，体验原汁原味的当地文化、历史、民俗和美食，或者说换一个地方过一段当地人的生活。入乡随俗，穿得像个当地人不仅可以带来融入当地生活的便利，在某些地方，它还意味着更安全。当然，时刻准备着的时尚爱好者们可不会止步于此，无论何时、无论何地都不能放松对自己的要求，要观世界，也让自己的世界观了然于衣，要随时盛开，四处绽放。

从开始“Wear To Where”到后来的“Local Chic”，我们的讨论也从“根据旅行目的地给出适宜的穿搭”到了“兼收并蓄——穿出当地的品味”。

一方山水一方人，每个地方对于时尚的理解都不尽相同，这与各地的经济水平、风土人情、历史文化、地理特征、审美情趣都息息相关。显而易见的表象好模仿，难得的是各地型男索女的精气神儿。比如斯德哥尔摩是经典的极简主义，哥本哈根讲究的是毫不费力的时髦（Effortlessly Chic），这跟当地人崇尚环保的生活方式密不可分，人们经常需要徒步或骑车，简单舒适、功能性强的宽大上装搭配紧身牛仔裤和舒适的鞋子就成了标配。在意大利，对于何谓得体好看，罗马和米兰的理解都不尽相同，但共同之处是，不论是面料还是剪裁都得随意中透着讲究，在这里，合身得体才是王道。黑色是纽约城中的经典颜色，纽约喜欢精心的随意（Perfectly Undone）的样子，你可以穿着随意舒适，但最好通过有鲜明个人特色的单品展露个性。而在西岸的洛杉矶，一切关乎神采飞扬（Look Gorgeous），尤其在晚上，人人都会煞有介事地乔装打扮（Dress Up）。时尚之都巴黎的气质是爱谁谁（Je ne sais quoi），巴黎姑娘语熟各种混搭，怎么穿怎么有理的背后是理直气壮做自己——有态度的穿衣，自信的着装，骄傲地表达自己——而这正是时尚的精要。也正因如此，才会有那么多人趋之若鹜地去到巴黎采气。

希望这本书能给你带来些许灵感，在了解自己的基础上确立自己的风格，吸取各地神韵，穿得好看，活得漂亮，向世界问好。

——廖敏 美国《国家地理》中文版出版人

推荐语

一位会穿搭的漂亮姑娘＋一颗放飞自我环游世界的心＝一本颜值和美好心灵同时在线的干货旅行搭配书

——樊功臣　搜狐副总裁

旅行是一种集“衣食住行”于一体的行为。活色生香抑或海阔天空，旅途上一应俱全。景色与人，人与人，人与物，都是基于缘分的配对。齐奕的写法抛开传统旅行笔记的做法，仿佛在创造一种新颖的文图模式——场景化旅行。或许，未来还是一门生意。

——瘦马　云思想创始人，时尚传媒集团前副总裁

直播让我们认识彼此，旅行让我们认识世界。感谢齐奕的这本书，可以让我们在彼此的世界中更美好。

——张文明　斗鱼 TV CEO

真正的时尚是由文化所赋予的，不同地区的不同文化是时尚的源泉，齐奕这本时尚精致的作品将地域文化与时尚元素相结合，巧妙实用，是时尚旅行的标配手册。

——傅磊　美空董事长兼 CEO

环游世界、开阔视野是很多人的梦想。其实，还有一种更美好的梦想，那就是在这些世界的美景中，留下自己最美丽的身影。在不同的景色、建筑、社会、文化和人群中，穿什么衣服最得体，最能体会当地的风情，又最能表现自己与众不同的风采，这是一门非常高级的学问。本书作者是一名有风情更有才学的女子，美好的品味和精致的细节，邀请您一起享受。

——姜振宇　《最强大脑》《非诚勿扰》等节目嘉宾，
微反应悬疑小说“掌控者”系列作者

推荐语

齐奕将时尚和旅行结合得非常出色，所以一直想找机会跟她聊聊穿衣经。终于千呼万唤始出来，她的这本旅行穿搭的书，可以教会女生怎样在旅行中遇见更美的自己。

——婉乔　北京交通广播《1039慧旅行》主持人

在旅行已经成为时髦或者时尚的时代，“穿衣戴帽”就不再是“个人所好”那么单纯的问题了。旅行着装不仅仅是身份、职业与地位的象征，更凸显了一个人的色彩感觉、品位、知性、素质和审美情趣。旅行着装如若能与旅游胜地的山光水色、人文地理、自然景观相契合，达到天人合一，反映出的是一种难以企及的精神境界。齐奕的书图文并茂，文字隽永，从旅行着装指导的高度给读者打开了独具特色的一扇窗。我相信，读者一定会受益匪浅，也能让他们在发现美、挖掘美、欣赏美的过程中，轻松惬意地完成一次次的修心、修性、修德的美妙之旅。

——向红笳 中央民族大学教授，藏学专家

女孩们的旅行，除了美食和风景，穿搭和拍照也是必修课；如何穿得时髦又有当地的色彩元素和风格，也是一门学问。

在旅行时，行李中带多少衣服，带什么衣服，都是令人头疼的问题；如何才能尽量地少带行李，却可以塑造自己漂亮的造型？第一位提出“旅行搭配”理论的齐奕，用她独到的眼光和经验，在这本书中做了分享，很时髦也很实用。当然，这本书里除了分享穿搭经验，也有对于电影和读物的推荐，这种组合搭配很“齐奕”。旅行时轻便自由却又不失时髦的搭配，正是这本书将会带给女孩们的建议和启发。如果女孩们希望找到一把旅行穿搭的“万能钥匙”，这本书不会错。

——徐磊 超级星饭团负责人，时尚集团前总裁办主任

阿波罗用自己爱人达芙妮变成的月桂树制成花冠，赐予一切勇敢者，从此冒险与美学就成了一对不离不弃的双生花。强烈推荐齐奕这本《时髦星球》，带你经历一次时尚穿越的冒险之旅。

——雷探长 纪录片《冒险雷探长》制片、编导，知名旅行玩家

自序

关于旅行

一个未曾到过的“别处”，就好像一个神秘的盒子，里面装着时间的印迹、独家定制的自然美景、世代沿袭的文化和民俗……而每一次旅行，就像是一次空间的突破，走出一个盒子，进入完全不同的另一个盒子。

关于旅行搭配

超人上岗前，需要内裤外穿来保证他几十年不变的时尚地位。而我们在闯入另一个盒子前，就不需要来一次变身，卸下曾经空间里带给你的那些附加符号，在一个全新的空间里，认识更多可能的自己吗?

我给旅行搭配的定义是，根据旅行目的地所具有的历史文化、地理环境、风俗习惯和审美情趣，结合当下的流行元素，总结出的着装搭配方案。让你和当地环境融为一体，互为美景。

而要想穿得符合当地的味道，又能保持时髦感，并不容易，我在学习旅行搭配时，感觉自己在做一道道排列组合的数学题。如果说设计师们汲取各地的灵感，把这些灵感结合自己的理解做成时装，而我就是把服装中这些元素再拆分出来，归类回去，然后把单品和单品重新搭配，加入时尚元素，最终找到最符合当地特色的一套搭配。

WRONG
WAY

关于本书

这本书准备了整整三年半，从只是旅行时带给自己的一个个灵感，到收集资料、总结目的地服装性格、设计插画风格、整理叙述逻辑，再到排版创意。让我现在回想起其中任何一项，我可能都会被困难吓到放弃了。还好，现在已来不及反悔。后来就很想把这个事情总结下来，而我这个视觉动物内心还是有一点学术理想的，也希望能把感性的东西讲出规律，有了规律，才能举一反三。于是，我看了很多书和电影去寻找灵感，涉及民族风格搭配时，为了保证图案的正确性，认真学习了世界各地的传统纹样；给俄罗斯设计军装风格搭配时，又学习了军装的演进。那时候，我感觉自己放下了粗线条的白羊座身段，变成了精益求精的处女座脾性。在这么快节奏的社会里，写书的时光真的异常奢侈，我感谢当时的自己愿意为了想做的事情，静下心来。

你以为这是本时尚书，但其实它也是我给自己的二十岁毕业选题。流行与审美只是这些衣服的一部分，更多的，我会去考虑这个地方的民俗文化、地理特征，还会结合旅行这个主题，然后推出适合当地的几套搭配，也尽量让每套搭配都有自己的特点。这样，不管你是什么风格类型的人，兴许都能有所借鉴。

因为这个选题之前是没有人做过的，所以我在整理时既自由，又艰难，因为真的无从参考。可我又不想单凭脑海中的印象，对它妄下结论。现在，这本书就要收尾了，但愿你们旅行之前，能够想起它，而它，可以给你灵感。

d's
MCM

感谢去年的时候认识了 Danny，她让这本书变得更加漂亮。

感谢图书编辑冯越，是她的无比耐心，才坚定了我的精益求精。

感谢廖敏老师，她很理解我想要做什么，并且给了我很多建议与帮助。

感谢为本书写序的各位老师，感恩你们的认可。

感谢我的家人，一直以来，对我想做的事情，都能给予完全的信任和支持。

齐奕
2018 年 9 月
北京、杭州

目录

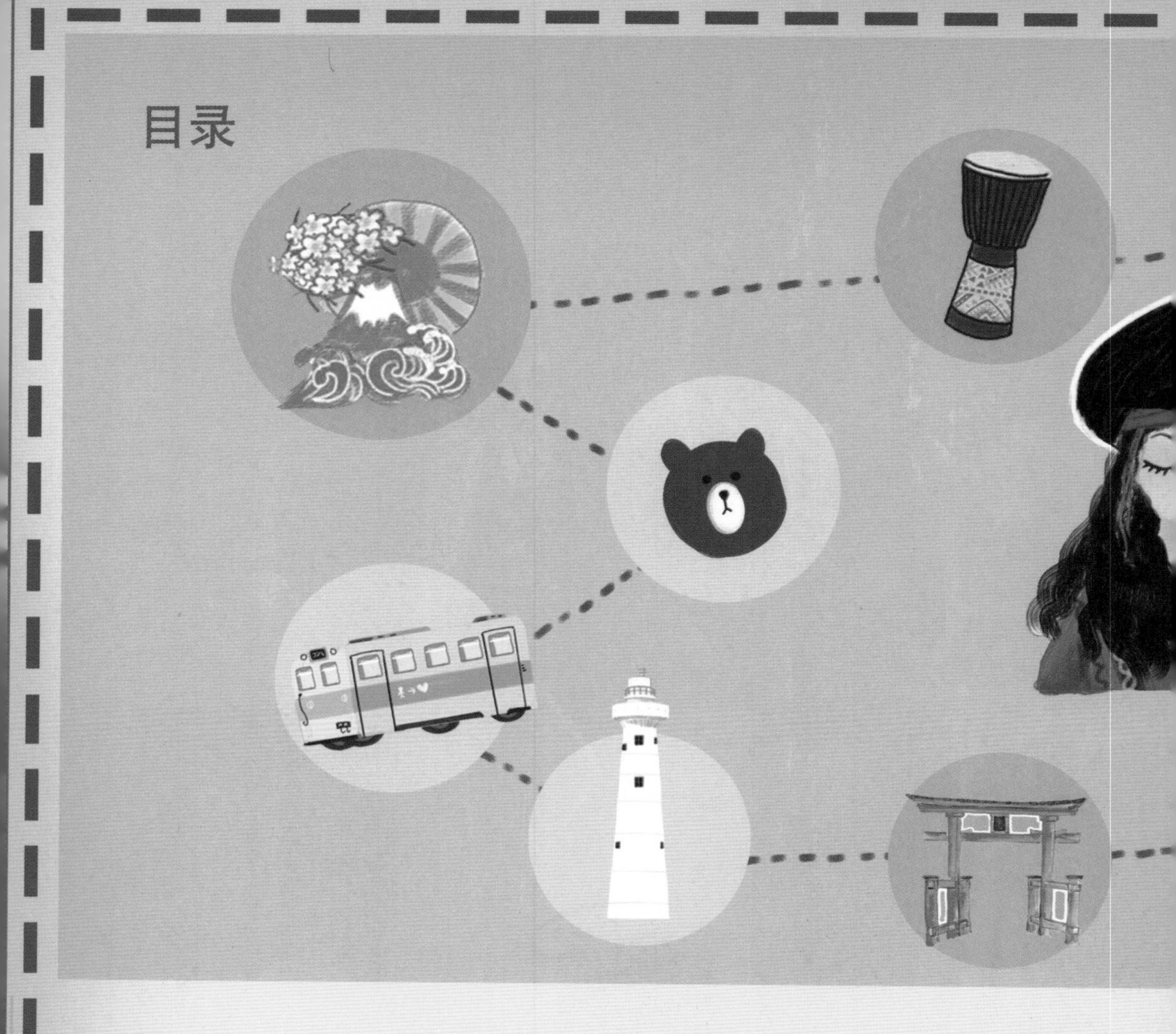

第一章 亚洲

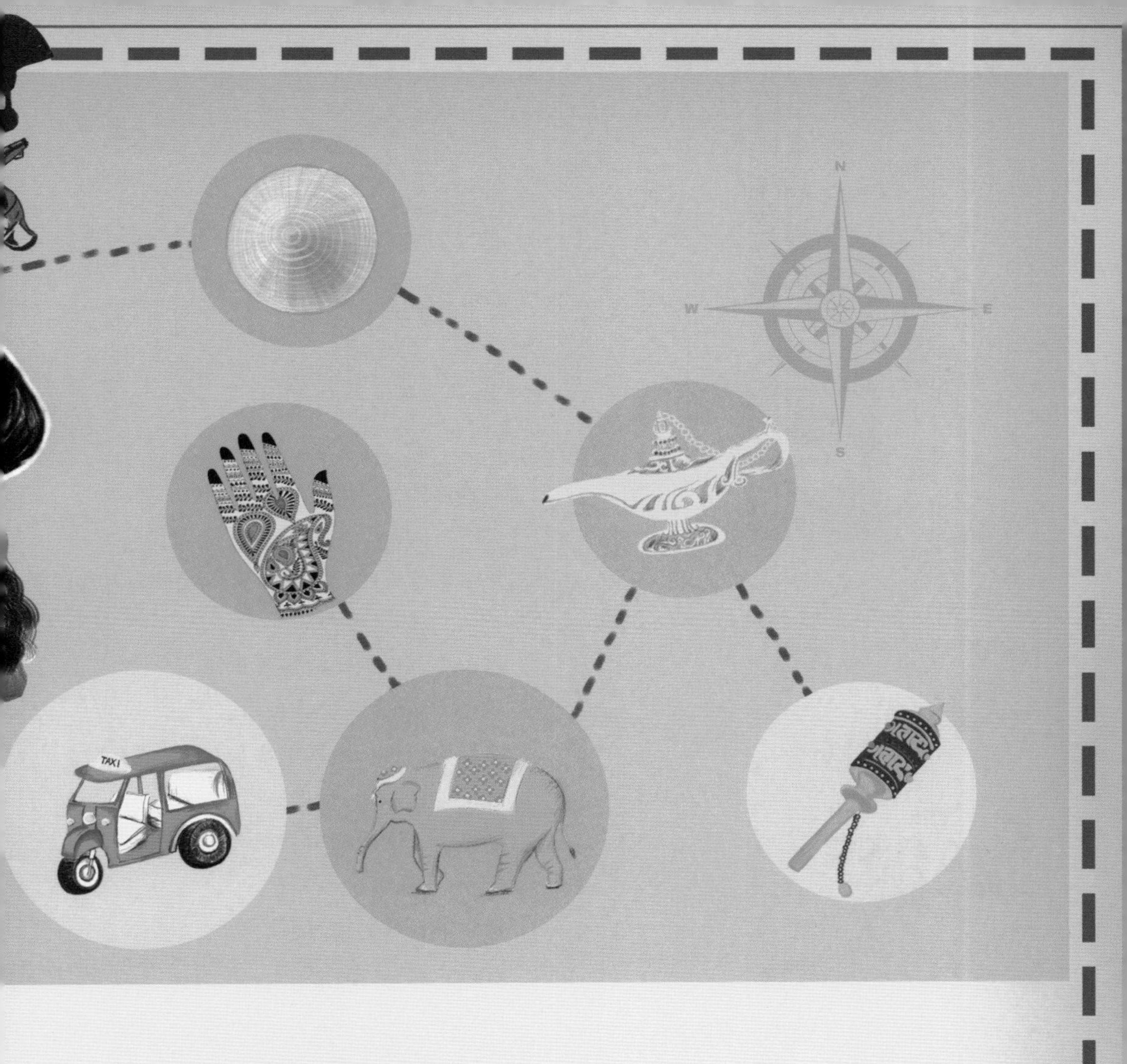
TAXI
N
W
E
S

第二章 欧洲

第三章 北美洲

第一章
亚洲
Asia

亚洲是拥有悠久历史的古老大陆，

是充满希望的日出之地，

是众多时装设计师的灵感缪斯。

来到这里，独有的印花纹样、

传统服饰可以让你轻松融入其中。

Yunnan

云南 一入春城，莫问归期

在丽江，这里的时光是不会流淌的，我们只管发呆、谈天、晒太阳；在泸沽湖，我们坐在湖边的烧烤摊，跟着摩梭人一起弹琴唱歌；在西双版纳，我们穿着筒裙，看孔雀东南飞的胜景；在大理，我们感受下关风、上关花、苍山雪、洱海月的自然之美；在茶马古道，我们望夕阳西下，横烟落照；在和顺古镇，清溪绕村，我们穿行在疏疏落落的古刹、祠堂间，寻找明清文化的遗迹……不是有个传说吗，上帝曾经和云南人打赌，如果他输了，双方就互换居住地，结果上帝真的输了，云南人到了天堂才发现，上帝是故意输的。去过了云南，就会相信这故事大体是真的吧。

推荐书籍：

《老云南的趣闻传说》《趣闻圣经》编辑部

《云南味道》张家荣

《走遍中国——云南》《走遍中国》编辑部

推荐电影：

《千里走单骑》张艺谋

《李米的猜想》曹保平

《心花路放》宁浩

《转山》杜家毅

风格：民族风

我国有56个民族，除了汉族，云南有25个少数民族，是中国民族最多的省份，所以到云南旅行，民族风的穿搭自然是最有特色、最有氛围的。不同地区的自然景观和文化略有不同，比如去大理的洱海，带条长裙去，搭配少量的民族风格饰品就好；到了丽江，可以选择披肩、阔腿裤、开襟或斜襟长衫；来到西双版纳，可以学习傣族少女，穿一条筒裙；在和顺古镇，可以选件布衣。关于发型头饰，在当地买些有少数民族特色的饰品佩戴就可以了，若不喜欢金属或者刺绣的饰品，可以选择发带，或者用彩绳编小辫。

重要元素：流苏、绒球、刺绣、针织、蜡染、扎染、艳丽的色彩、粗布、棉麻材质、民族风格印花、几何图案印花、少数民族头饰。

搭配单品：丽江的披肩、大理的长裙、香格里拉的筒裙、少数民族配饰等。

搭配日记

No.1 筒裙

筒裙的灵感来自于傣家的民族服饰，所以如果你去西双版纳旅行，筒裙绝对是必备单品！西双版纳也有成套售卖傣族服饰的，如果不想穿得太死板，想体现个人的风格，可以搭配一些吊带或者胸衣。好看的编织凉鞋和头饰在云南当地的古镇就可以买到。

No.2 灯笼裤

灯笼裤、裹裙这些都是民族服装中最常见的单品款式，为了融入当地的氛围，选择这样的单品自然最有风情。上衣选择日常的流苏吊带就好，还能增加时尚感。彩色编织的手绳既可以作为手链，也可以作为头饰。

No.3 民族风印花

即便单品的板型、剪裁跟民族风格服装不沾边，只要印花对了，也一样可以大显身手。而你家里那些基础款单品，哪怕是看起来最正统的 OL 风格衬衫，只要选择对了配饰，也一样能派上用场，搭配出更有趣的民族风造型，而且还不会担心撞衫哦。

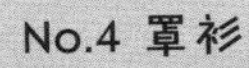

No.4 罩衫

流苏装饰体现了质朴的当地风情。选择一件这样的罩衫，里面搭配胸衣，适当露肤能增加时髦感。再趿拉双人字拖，既显得慵懒随性又个性十足。是不是一下子就加持了流浪歌手的属性：拿把吉他，走天涯！

No.5 连衣裙

最省事的方式，就是带一条民族风格连衣裙，脑子都不用动，早晨穿上就能出门，还不会降低回头率。那怎么辨别适不适合云南之行呢？记住以下几点就不会错了：色彩艳丽、流苏、毛球装饰、几何印花、棉麻或编织材质，另外不要选择包臀、鱼尾这些让你行动不便的款式。再配一双彩色毛球装饰的鞋子，女人味和民族风情，一样都不落空。

No.6 纯色连衣裙

一条纯色雪纺大裙摆连衣裙，去掉民族风的标签，只用一些简单的刺绣小花就提升了仙气，站在诗情画意的拉市海边，宛若精灵，让你毫不费力就变身成了优雅又有风情的仙女。

Tibet

西藏 经幡下的天空之城

那一世，转山转水转佛塔，不为修来生，只为途中与你相见。

——仓央嘉措

她是沧海变高原的地方，是雪山朝拜太阳金光的地方，是藏在经幡下的天空之城，是仓央嘉措笔下深情的诗歌。她也是远方灵魂虔诚的朝向，如咒语一般，让那些藏在城市里忙碌的灵魂，焦躁不安，只盼着放下一切与她相见，于是她便成了梦，成了对这世间的人最原始的诱惑。

所以你不必带着那些华美的衣服，不必带着城市里精致的伪装，你只需带着自己来，带着赤诚初心。如果城市里的你温柔娴静，却一直期许着狂野不羁，那原始的剪裁、粗重的面料就是你；如果城市里的你内敛温和，却向往奔放和张扬，那凶猛撞击的色彩、粗暴夸张的配饰就是你。

推荐电影：
《红河谷》冯小宁
《转山》杜家毅
《可可西里》陆川
《高山上的世界杯》钦哲诺布
《冈仁波齐》张杨
《西藏星空》王源宗
《墨脱情》关兵

推荐书籍：
《仓央嘉措诗传全集》闫晗
《荒野尘梦》陈渠珍
《中国国家地理·那时·西藏》徐家树

搭配误区

民族风格可能是个非常泛泛的概念，一些热带花卉、地方特色图腾的纹样，即便也是民族风格，但是并不适合这里。丝滑精致的材质也不是豪爽粗犷的藏民的好选择。

搭配单品：原色皮草（黄灰色）坎肩、毡帽，四耳帽、羔羊皮帽、羊毛披肩、毡毛鞋、粗布长裙、粗布民族风外套、羔羊毛大衣、民族风斗篷、民族风长袍、对襟上衣、头巾、发绳、发带。

搭配公式

脏辫／麻花辫／彩绳编辫／民族头饰
X 毡帽／羔羊皮帽／护耳帽
X 羊毛披肩／羊羔毛大衣／
对襟民族风长衫／粗布连衣裙
X 流苏短靴／民族风布鞋／雪地靴
X 藏银饰品／彩色珠串／彩绳／流苏配饰

风格：高原民族风

发型：黑直发、脏辫、小辫、自然波浪、彩绳编小辫。

搭配：叠穿、混搭。

纹样：呈现递增和排比的规律。

面料：棉布、绸缎、羊皮、滩羊毛、呢子、氆氇、皮草、彩布、毛料。

饰品：红珊瑚、绿松石、蜜蜡、琥珀、菩提、藏银及夸张鲜艳的配饰。

色彩：色彩表现对比强烈，如红与绿、白与黑、黄与紫，并运用复色，常用大红色、暗红色、藏蓝色、墨绿色、棕色、黄色。

重要元素：粗犷、原始、野性、不羁、高原民族风。

搭配日记

No.1 大披肩

西藏海拔高、温差大，这些地理课本上划重点的内容告诉我们——到这里需要披戴厚实的羊毛披肩。地理课本也说了，热带花卉和碎花图案的披肩，来这里都是乱入。递进的彩色条纹或规则的几何图案才最解当地风情，里面配上民族风毛衣和小短靴，再扎个松松散散的麻花辫，浓浓的藏族风简直要迷花了帝边扎西的眼。

No.2 民族风外套

这种民族风格外套恐怕要特意购买了，颜色要选择暗红色、藏蓝色等，这些是藏族服装中常见的色彩；规律的彩色条纹图案是最佳的选择，很像西藏牧民围腰上的图案。里面搭一件简洁的同色系连衣裙，配双流苏短靴，就恰到好处了。饰品也不需要冗余，简单的大耳环和彩色手绳足够抢镜了。

No.3 羊羔毛背心

把自己包裹得更像是这里土生土长的人，这种感觉一定就对了。所以选了羊羔毛背心，简直自带狂野女孩的特效，为了避免沉闷得像个老爷爷，里面可以搭件色彩鲜艳的打底衫或裙子，下面还可以配条破洞牛仔裤增加时尚度，这样就可以一边民族一边时尚，一边狂野一边浪漫！流苏装饰的靴子和毡帽、护耳帽即便都不是在当地选购的，可是和西藏的风格也真是很相配呢！

No.4 暗红色连衣裙

暗红色骨子里就和藏族风格很登对，大概藏民服装中、建筑中甚至宗教文化中都在大量使用这种看起来就能带来好运的颜色。所以即便是最简单的暗红色棉麻质地连衣裙，只要配上当地风格的饰品，也是满满的风情，绝对不会逊色的。

X 毛毡帽（雷锋帽）/ 平顶帽 / 钟形帽
X 皮手套
X 极简款皮包

慢调老时光 Taiwan台湾

台湾，我们跟随味蕾寻到这里，却陶醉在清新又慢调的老时光中。这里有保留着几十年装修、仿佛没有被时间洗礼过的老门店；有些许泛旧，但充满了沉淀之美的老街；还有那些椅子嘎吱嘎吱作响，能带着汤面进去吃的影院，而你身边坐着的大多是爷爷奶奶，放映的也都是《黄飞鸿》这样的老片子。你时而觉得自己走在自己的旅行中，时而又觉得穿行在老台湾的回忆里。

台湾的女生给人的感觉就如同奶茶一样，清新如红茶，浓郁如牛奶。所以穿搭方面既要有文艺的小清新气质，又要有甜美的少女味道。用白色、薄荷绿、淡蓝这样清新的颜色，不要打破那种慢调和老时光的感觉。

推荐书籍：
《这就是台湾，这才是台湾》廖信忠
《台湾百年老店：80家老店铺的传家故事》曹婷婷

推荐电影：
《练习曲》陈怀恩
《那些年，我们一起追的女孩》九把刀
《听说》郑芬芬
《他们在岛屿写作》陈传兴、陈怀恩、杨力州、林靖杰、温知仪

风格：小清新

小清新起初是一种音乐流派，后来延伸到了着装风格、拍照风格，再后来越变越抽象，成了一种感觉。而台湾给人的正是这种感觉。阳光不那么浓烈，风也不那么凶猛，姑娘不是热辣性感的，也不甜得发腻，她清新淡雅，与世无争。喜欢棉麻的慵懒质感，还带着文艺气质，过于隆重未免有些腻味，清爽又别出心裁的小清新，这才是最佳。

重要元素：冰淇淋色、白色、蝴蝶结、喇叭袖、A字裙、少女心。

搭配误区

清新的感觉要以简洁为美，所以不要有过多的装饰，不争奇斗艳，只要默默生长。

高雄
垦丁
搭配日记
No.1 衬衫裙
简洁的款式搭配清淡的色彩非常适合台南或者垦丁的旅行，可以选择纯色、条纹、格纹衬衫裙，最好选择有兔耳朵领结或荷叶边样式的，配上白色的帆布包和帆布鞋，真的有奶茶的味道。

No.2 吊带裙

吊带裙的穿法较多，单穿或者内搭衬衫在台湾都适用。细节处蝴蝶结的装饰、喇叭袖口的百褶设计，在搭配吊带裙的时候可以在视觉上起到使层次更丰富的作用。牛仔裙、心形耳坠、洋蓝色……这些元素共同打造了一个清新淡雅、甜而不腻的形象。

No.3 蕾丝裙

T恤搭配蕾丝吊带裙，这种感觉简洁又清新。蕾丝的选择尽量简单，不要错把蕾丝穿出宫廷或者性感风格。再配一顶草编帽，增加田园气息。想象着穿着这样一身衣服，跑到垦丁的海边，和灯塔合张影，是不是有《海角七号》里女主角的感觉呢。

No.4 背带裤

背带裤穿起来非常方便，时而俏皮，时而酷感十足，穿着时还可以将一边背带松垮下来，展现出不一样的轻松姿态。青春个性的背带裤是台湾偶像剧中女主角的大爱，再配上一把尤克里里，漫步在海边，悠然自得。

No.5 复古连衣裙

台湾总会给人一种复古的感觉，安静得仿佛时光从未溜走，所以选择一些复古风格的连衣裙时，可以搭配中式夹扣式样的手拿包，再点缀一些复古的首饰，会给整个风格加分！倚在台南的老电影院门口或是糖水店里，享受静谧的旧时光，真的一点儿也不违和。

No.6 光腿穿大衣

选择颜色清新的大衣、风衣时，内搭千万别超过膝盖位置，想要减龄的话，下面搭配中长的筒袜。那些你从小看到大的时尚杂志里光腿穿大衣的示范，一直以为不实用，可是当你感受到台湾温暖的冬天时，才觉得一身“绝学”终于有了用武之地！

东京、大阪 Tokyo Osaka

隔着一个时区的次元世界

小津安二郎记忆里的东京，是银座服部大钟夜晚八点准时响起时，透过五丁目鳗鱼店苇门，看到的金黄色夜景。

鲁迅记忆里的东京，是夏夜夜晚透过宿舍窗户，瞧见江户川水面上，优雅飞舞的萤火虫。

村上春树记忆里的东京，是住在切片蛋糕形状的狭窄破烂屋子里，免费享受灌进屋子里的阳光与凉风。

老东京人记忆里的东京，是风铃、煤炭炉、蚊香、榻榻米，是 1964 年东京奥运会前 Always 幸福的清贫生活。

我记忆里的东京，是在春天的东京湾泮滩挖蛤蜊，在夏天的神田川畔抓鳗鱼，是在上野公园百年木造音乐厅里，聆听来自过去的乐音。

这些美好的昨日景象，至今仍在我这一代东京人眼前，栩栩如生演出着……

——新井一二三《我这一代东京人》

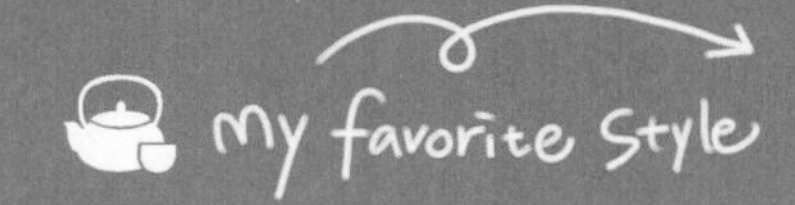

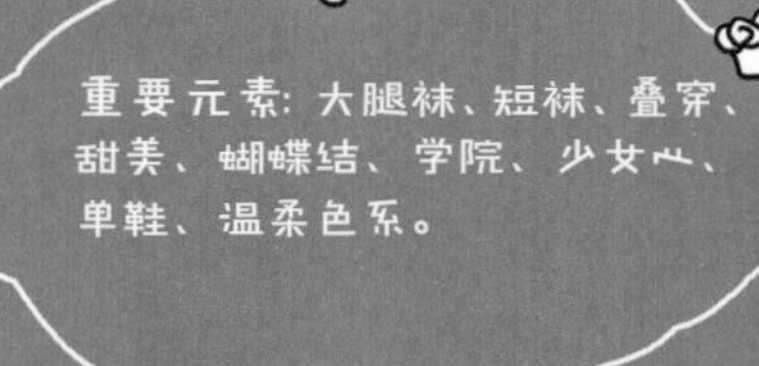

东京，是个千面女郎。在浅草寺，她是神秘虔诚的传统女人；在涩谷，她是活力满满的元气少女；在原宿，她是个性张扬的叛逆女生；在银座，她是优雅时尚的OL；在秋叶原，她是活在二次元世界的可爱迷妹……而你，在这里会遇到怎样的她？她又会见到什么样的你呢？

大阪，是世界的厨房，地标级的美食圣地，整个星球美食爱好者的天堂；同时，它也是潮流的聚集地，时尚达人们争先恐后前往的街头秀场。所以，来到这里，嘴巴和眼睛要同时狂欢起来了。

推荐电影：

《迷失东京》索菲亚·科波拉
《你的名字》新海诚
《东京女子图鉴》棚田由纪
《横道世之介》冲田修一
《四月物语》岩井俊二

推荐书籍：

《一个人上东京》高木直子
《菊与刀》鲁思·本尼迪克特
《简素：日本文化的根本》冈田武彦、钱明（译）
《我这一代东京人》新井一二三
《你所不知道的日本名词故事》新井一二三

一个叫袜子的大牌演员

在穿衣搭配的过程中，上衣好比是男一号，裙子、裤子是女一号，鞋子和包包分别当选男二号和女二号，仿佛整个穿衣服的戏码都是围绕着这几个大牌演员开始的。当然后来呢，耳环、项链、手镯等亮晶晶的饰品们也强势抢镜起来，有时候帽子、丝巾也会跑到演员表的前列。而袜子呢，在我们不太注意搭配细节的时候，他一直是个很小很小的小龙套，小时候他的作用是可以把秋裤塞进去起固定作用，好多婆婆喜欢肉色丝袜穿在凉鞋里面防磨脚，这时候的袜子总是实力派龙套，却忘了偶像形象。可是在日本的穿衣大戏中，袜子却很重要，每套搭配都离不开袜子，每双鞋子也都需要袜子才完整。好像一个大牌演员的客串，一出现就会为整出戏加分。

白色大腿袜，增加了
学院派少女气息。而她的
同胞姐妹黑色大腿袜，出
镜率更高，适穿性更强。
棉质袜搭
配运动鞋，能
增加层次感，
修饰腿形，也
更突出清新活
力的气质。
使用纯色系
的袜子，既不会
抢了裙子和鞋的
风头，还能让二
者轻松过渡。
丝质或棉质
白色短袜搭配凉
鞋、高跟鞋等露
肤度高的春夏季
鞋子，可以使鞋
的色彩更突出，
并且增加整体的
柔美度。
九分小脚裤搭配鞋
子的穿法也很常见，中
间配上袜子，不管是衣
服的同色系还是撞色，
都让搭配更有趣。

日系妆容 & 发型

No.1 清甜

所谓清甜，就是糖分没有太高，不会让人觉得甜得发腻，但是又充满甜蜜的味道。所以选择一些淡雅的颜色、有女人味的细节设计、甜美靓丽的元素，搭配时要记住保持一定的露肤度。

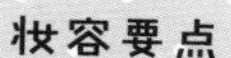

Makeup & Hairstyle

妆容要点

腮红：东京妆容的最大特点，就是会加重腮红的力度。它可以让面色更甜美，有点儿孩子气，脸颊更有立体感。这样的妆容在中国很少见，在东京却人人如此。所以入乡随俗，来到东京，化妆的时候记住也多扫几下腮红吧。

下睫毛：下睫毛决不能落下，打造楚楚可怜的大眼妆，下睫毛可是重中之重。

服装搭配

混搭和层次感是日系搭配的两大要领，要记得日本人审美的最高点，不是性感，而是卡哇伊！层次感可以掩盖亚洲人瘦小的H形身材缺陷，比如在直筒的上身裙上加一个小坎肩或者是外套，再加一条围巾，下身紧身裤配靴子，这样就打造了一种小巧精致的感觉。

在皮鞋、凉鞋中搭短袜也是日本女生的大爱。为了凸显层次感，袖口的卷边、裤脚的卷边、短袜、围巾（即便是夏季）、帽子、腰带，这些东西都要装进旅行箱哦。

甜美发型：留一些头发在耳前，后面的头发别到耳后，露出耳郭，绝对可以为甜美度加分。

蓬松粉：发型讲究空气感、蓬松感。推荐来了——蓬松粉。倒点儿在手上，往发根涂抹，逆发根生长方向向上抓蓬，就会出现蓬的效果。

No.2 甜辣

甜美元素：蕾丝、花朵、泡泡袖、泡泡裙、格子、白色、冰淇淋色、雪纺、欧根纱、蓝白格、蝴蝶结。

酷元素：牛仔、皮质、黑色、金属、挺阔材质、中性色彩。

比甜美多些个性和酷，所以甜美的上衣记得搭配一件硬朗的下装。

染眉膏：东京街头出现最多的发色，就是深棕色。棕色的头发搭配棕色的眉毛，所以记得把染眉膏装进化妆包。

猫眼妆

玻尿唇：可以学习下松本惠奈。细看她的唇妆，上唇的唇峰描画得非常精致，尽可能不超出自己原有的唇线。下嘴唇自然往唇缘外延一小圈，视觉上下嘴唇的厚度自然就增加了。而且最最小心机的是，松本惠奈还在下嘴唇中间做了提亮的效果。饱满度Up！光泽感Up！

如果你的肤色是蜜色，倒不一定非要挑战甜美的日系风格，可以打造日本的辣妹风哦。辣妹一词来自于日本，是20世纪70年代对打扮时尚的女孩的一种统称。源自安室奈美惠，出身冲绳的安室皮肤本来就比较黑，黝黑的皮肤、健康的元气，让安室出道后稳坐“国民美少女”宝座，这种形象随着安室人气飙涨而被广泛认可，并立即在涩谷引起风潮，再经过不同程度的发酵与发扬光大，最后就演变成109辣妹满街跑的景象。

搭配日记

No.1 学院风

大腿袜的穿法体现了浓烈的日系风格，这样的印象大概源于日本校园制服的穿搭吧。它增加了甜美的学院气质，符合日本女生对卡哇伊的诉求。搭配时选择柔和的色彩，以及同样有学院气质的细节（比如领结）来呼应，打造一个可爱的学妹形象。

No.2 甜美熟女

日本女生给人的感觉都是甜美温柔的。高级的灰色系列也可以穿出甜美感，用蕾丝作为装饰（不宜过多），再加上毛绒的单品，画上粉色系的日系妆容，立马变身石原里美！

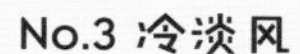

No.3 冷淡风

想要穿出冷淡风，可以去无印良品，让设计大师原研哉告诉你什么叫作极简。购置一件极简的纯棉衬衫，一条有型的阔腿裤或者素色的连衣裙，这样的文艺青年在日系街拍中的出镜率是极高的。

盐系男生可以选择柔和舒服的颜色，搭配简洁的款式，衬衫或者简洁干净的T恤，搭配阔腿裤，再配个复古的圆形眼镜和帆布包，看起来就是文艺又亲和的男生。

No.4 先锋派

先锋设计以黑、白、米、灰色为主。可以参考 Yohji Yamamoto（山本耀司）的设计，黑色虽然是主流颜色，但加上先锋的设计、别致的搭配，这样的黑也就不再普通。这种设计更多关注的是衣服本身，它们看起来“破破烂烂”或者“脏脏旧旧”，而其实真正的先锋品牌价格高到让人匪夷所思。顶级的棉、麻、皮是先锋的标配，渔夫帽、帆布包更是必备单品，这样的“反时装审美”却是很多潮流人士的最爱。

No.5 原宿物语

原宿风最初是受了被美国占领时的美国文化的影响，后来逐渐巩固了领导日本潮流的地位。现在原宿风是东京街头文化的代表，给年轻人宽广的混搭空间，进行天马行空的创造。他们可能顶着一头夸张的发色，穿着淘到的vintage外套，厚底的松糕鞋，戴上夸张的耳饰，行走在原宿的街头……

No.6 和风

这是我最喜欢的一种搭配。一件和式外套，上面的印花可以是浮世绘图案，也可以是和服中常见的纹样，或者是改良的中式旗袍，又或者是上面画满日本传统图案的T恤，这种搭配既能体现满当当的日式风情，又时髦个性。如果我在祇园街头遇到这样的你，一定比看那些穿和服的女孩儿还要多看两眼。

No.7 道袍

道袍是一系列日本传统服饰的统称，比如日本潮牌 Visvim 的道袍灵感就来自野良着。“野良着”是日本农户、渔民劳作时穿的衣服，标志性的宽大衣袖就是为了方便劳动而设计，所以说道袍差不多就是日本版的工装。近几年，道袍叠穿的方式很火，如果拿不准怎么搭配，和 Visvim 的创始人中村世纪学，就不会错了。

北海道 Hokkaido

写在《情书》里的花与雪

推荐书籍：
《莫言·北海道走笔》 莫言
《北海道物语》 渡边淳一
《北海道央男子休日》 男子休日委员会

推荐电影：
《情书》 岩井俊二
《非诚勿扰》 冯小刚
《雨鳟之川》 矶村一路

站在广袤大地，单纯的呼吸也变得纯净美好，那是一种涤荡心灵的力量。时间彷佛在这一刻静止，一瞬间地老天荒。

——莫言《莫言·北海道走笔》

北海道是莫言笔下的地老天荒，是《雨鳟之川》里心平记忆中的童年，是《追捕》中杜丘的避难所，更是藤井树写在《情书》里的初恋。

小樽的雪夜，富良野的花田，摩周湖的雾，洞爷湖的烟火……在这样美好的城市，穿着一定要没有欲望和野心！我们不仅要在大自然中寻找释放的出口，更要把自己从内心中先解脱出来。忘记城市里的奢华和斑斓，忘记那些贴满昂贵 logo 的欲望枷锁。从大自然中汲取搭配的灵感，虽不一定要染满自然的色彩，却要褪尽都市的铅华，追求一种原始的、淳朴的自然之美。

重要元素：棉麻质地、蓝白小方格图案、不张扬的印花、淡雅的色彩、草编或藤编材质、棉质蕾丝边。

搭配误区

No.1 过多的蕾丝边、小碎花元素可能会让你还没打造出田园气息，就先塑造了“乡土”形象。

No.2 小心别把洛丽塔错当田园风。

No.3 热带花卉图案的海洋风格不适合这里的田园气息。

风格：日式田园风格

舍弃丰富的色彩，采用单色的苦行式风格，这正是日本传统的水墨画色调，不顾西方的观点，强调衣服色彩的极度贫乏。日本设计师制作的服装可以隐藏女性躯体的比例、胸形和腰部曲线，这种设计源自和服。

色调以淡雅为主，田园气息下带着几分禅意。日式的夏日田园不是斑斓，更多是静止的树影和啾啾的蝉声。

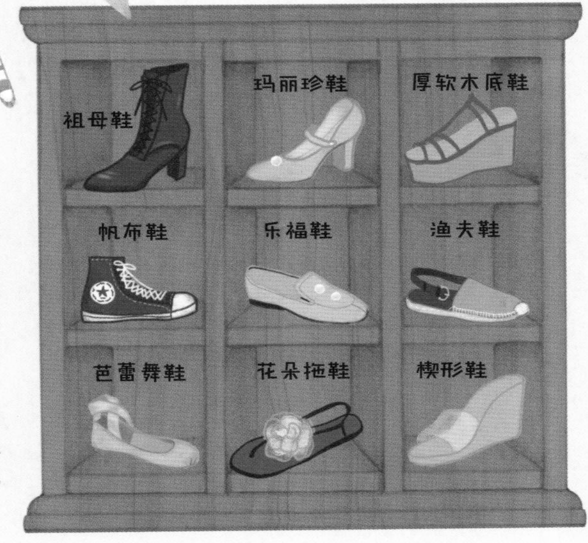

搭配日记

No.1 田园风

纯棉或雪纺是打造田园风的主要材质。告别城市喧嚣，可以选择有格纹、清新印花、纯色图案的连衣裙，配上草编包和草帽。

格纹

穿着格纹连衣裙去富田农场，感觉自己就是个花田少女！清新的颜色完全不会和花朵“撞衫”。为了呼应去看花海的主题，还可以挑选花朵形的草编包。记得带上草帽，享受“菊次郎的夏天”。另外还可以选择浅色棉麻质地的连衣裙，打造古朴质感。

样式

搭肩的样式是重点，普通的连衣裙也可以选择针织衫披在肩头，度假的休闲感就这样体现得淋漓尽致。

印花

花朵连衣裙点题，草帽呼应主题。马卡龙色系的配色增加甜美度，再来一双芭蕾舞鞋，对啦，这么少女心的搭配自然是去白色恋人主题公园品尝甜点啦！好想把自己融化在白巧克力里……

No.2 针织衫

春天和秋天的天气会凉些，带上一件针织衫就好了，长款针织衫可以直接套在连衣裙外面，短款的可以搭在肩上或者腰上作搭配。

No.3 水手领

水手领的灵感来自日本制服和水手服。不是只有规矩的制服才能化身日本美少女，经典的水手领，条纹边襟，搭配运动长筒袜，把简洁的学生气质打造到极致！这种搭配非常适合在北海道穿。而喜欢追根溯源，想不通水手服和学院风是怎么结缘的学霸们，可以看看《裙裾之美——日本女生制服史》。

No.4 牛角扣大衣

牛角扣大衣的历史可以追溯到一战时期，而每一年冬季大牌秀场都有牛角扣大衣的身影，足以见证它的经典。一件清新的牛角扣大衣，无论是搭配不同的毛呢短裙或短裤，光腿配长靴，还是搭配同色系连裤袜，都能增加甜美度。

《冬日恋歌》《一吻定情》《恋爱世纪》里的女主都选择了它！

红叶掩映下的古刹、浓厚唐风中的街景、祇园街角处艺伎的笑靥……这一人一事、一庭一园、一水一木、一食一器皆是京都。满目的古典意境，让我们来到这里，就迫不及待地要融入这古老时光，穿上和服，也同《艺伎回忆录》中的小百合一般，从千本鸟居的橘色隧道中跑过。

京都有不少价格亲民的和服租赁店。这些店铺主要面向年轻人和游客，备选的和服虽比不上高档和服店那些价格不菲的，但风格多样，花色繁复，很受欢迎。你可以在这里租一件和服，更深入地感受日本的和服文化，店员会帮助你穿好和服，并且做好相配的发型。如果你觉得这还不够有趣，还可以尝试挑战舞伎的造型。火爆的和服变装店需要提前 2~3 个月预约，所以要提早做好准备。

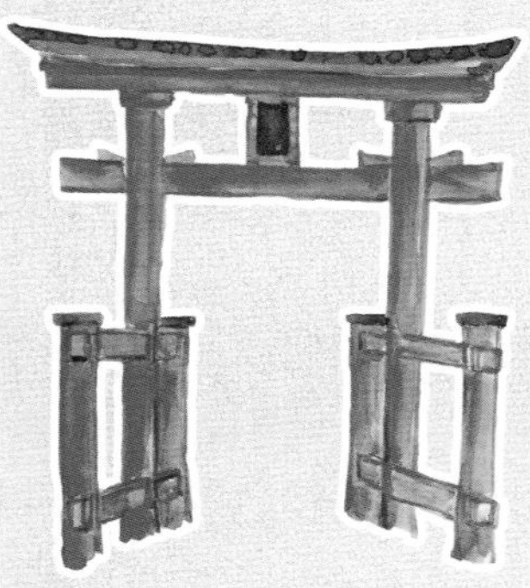

推荐书籍：
《金阁寺》三岛由纪夫
《京都手艺人》樱花编辑事务所
《有鹿来》苏枕书
《京都流年——日本的美意识与历史风景》奈良本辰也
《古都》川端康成

推荐电影：
《艺伎回忆录》罗伯·马歇尔
NHK纪录片 《京都御所：不为人知的千年之美》
《细雪》市川昆
《炎上》市川昆

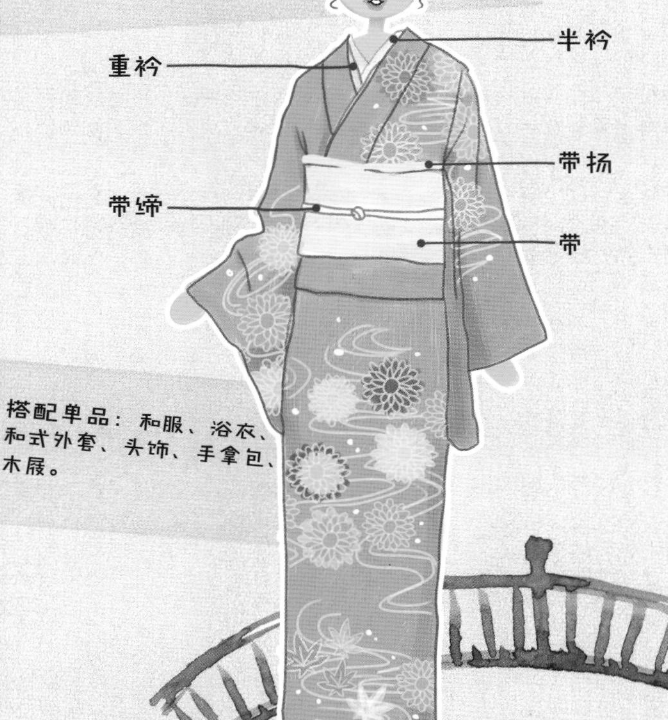

搭配单品：和服、浴衣、和式外套、头饰、手拿包、木屐。

如何挑选和服

No.1 颜色

选择和服的主色调时，除了考虑自己的肤色、喜欢的色彩，还要考虑当天参观的景色以及季节。

首先，要谨慎选择过于淡的色彩和纹样，因为绢的面料在阳光的照射下，会反光成偏白的颜色。

其次，京都的建筑主要是木架草顶，以青灰色为主色调，所以挑选和服的时候要尽量避开灰色、青色等相近的颜色，而选择较为鲜艳的颜色作为和服的主色调。

最后，和服色彩的选择还强烈地表现在与季节的关系上。春天是草木发芽、万物生长的季节，同时春天也是樱花季，很多朋友喜欢选择粉色和服，到和服店还会发现那时候粉色的和服大受欢迎，可是穿着粉色的和服和樱花合影，很可能会串色，尤其洋粉色，所以不如选择充满春天的味道，粉色的对比色：绿色系，黄绿、嫩绿、孔雀绿、薄荷绿都很不错。初夏，为了盛夏的凉意，人们总是喜欢选择蓝色，深深洋洋的蓝色会让人体会到平和与纯净。秋天是枫叶红了的时候，可以选择丰收的颜色，比如是金茶色、暗茶色、黄色等，但不要选择红色。冬天，是一个缺乏色彩和温度的季节，所以选择暖色调更适宜，比如豆沙色、鲑鱼色等，只是饱和度不要太高，不然显得过于喧嚣就打破了冬天原本的寂静。

No.2 纹样

纹样的选择更要考虑季节性。春天是樱花、蝴蝶之类的花纹；夏天的花火、萤火虫、紫阳花，波纹和水流模样也是人们喜爱的题材；秋天是枫叶红了的时候，衣上飘落的红叶和周围的环境极为吻合，另外芦苇、菊花、果实也是适合秋天的纹样；冬天可以选择山茶花、梅花、雪等。尤其是到了新年，以莲红色为主调的吉祥纹样更加相宜。如果你不确定纹样所绘到底是什么，那么选择几何图案，任何季节都不会错。

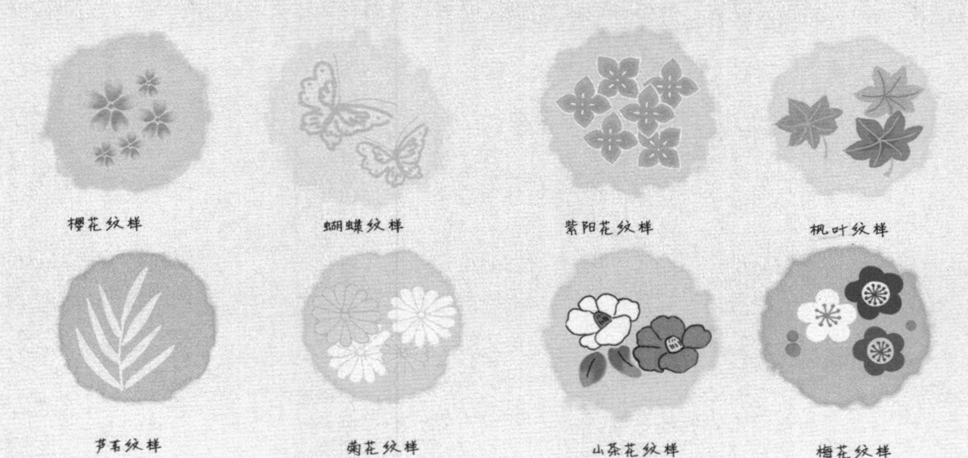

No.3 带、带缔、半衿

和服就好像一件衣服的主色，腰带就是辅助色，而带缔则是点缀色。只有当辅助色和点缀色与主色的效果相互协调时，整体才是和谐完整的。所以选择腰带最主要的两个原则就是色彩的面积和色彩的搭配。如果本身选择的和服颜色鲜艳、色彩丰富，选择腰带时最好选择和服上已有的，且是里面最淡的颜色，而带缔可以选择已有的色彩中较为鲜艳的作为点缀，半衿就可以选择白色。

如果选择的和服整体颜色淡雅、肃静，那么腰带就可以选择饱和度高的邻近色，如果想要更强烈的视觉效果，可以选择和服中主色调的对比色，然后带缔再选择主色调的临近色，把整体的风格带回来。带子的纹样同样也很重要，最好是和你选择的和服相呼应。

No.4 其他配件

发饰、手提包、扇子、草履……所有的配件都是为了呼应和服的，所以手提包的色彩和纹样最好是和服上出现过的，发饰的色彩也是如此，如果和服过于艳丽，发饰就不要太过夸张。

搭配日记

No.1 黑留袖

黑留袖是级别最高的礼服，一般会缀有五个家纹（背缝、左右后肩、左右前肩），搭配金银袋带，打二重太鼓结。花纹一般也较为庄重，以吉祥纹样、四君子或者其他古典纹样为主。女子结婚之后，出席自己亲人、友人的婚礼，还有作为社交场合里地位较高的人物出场的时候都适合穿黑留袖。

No.2 振袖和服

未婚的女子最高级别的礼服。振袖一般仅限女孩儿和未婚女子穿着，不过也有例外，就是男孩过七五三的庆祝礼服也是做成振袖的样式。振袖分为三个细目——小振袖（二尺袖）、中振袖（振袖）、大振袖（本振袖）。小振袖一般作为入学、毕业的礼服，中振袖则多用于新年、成人式、未婚女子出席正式场合，大振袖多用于婚礼。

No.3 色留袖

色留袖是仅次于黑留袖的贵重礼服，一般只会缀上三纹和一纹。穿着色留袖的场合比穿黑留袖的场合一般要轻松随意一些，例如订婚宴或者入伙酒等。

No.4 色无地

稍微比小纹格调要高一些的日常系正装。“无地”的意思就是没有图案，“色无地”就是指在和服中，整件衣服仅有除了黑色以外单一色彩而没有图案的一类和服。如果在色无地上缀有家纹，那么它是和“访问着”同级的礼服；如果使用黑色的腰带，它又能作为次级的丧服；如果配上九寸带，它甚至还能作为参加法事的服装。

No.5 小纹和服

小纹是日常正装和服之一，无论从价格还是花样上都可算是十分的亲民。“衣服上布满小型花纹图案”是这种和服的名称来源。

No.6 浴衣

浴衣是一种夏季穿着的和服便服，特点是布料轻薄，色彩缤纷多样。它的外形、剪裁和正装和服基本一致。但是和正装和服不同的是，穿着它的时候并不需要穿着“襦袢”（和服用的内衣），加上使用的布料轻薄，因此十分凉爽和方便。

除了和服还能选择什么？

还可以选择带有和风花纹款式的和式外套，穿起来时尚感更强，搭配的选择性也更多、更个性化，里面搭配蕾丝吊带，为了让整套搭配的风格更浓烈，还可以选择和式的手拿包。

到哪里购买？

京都有很多和服体验店，比如梦京都、梦馆、冈本、染匠、和樱、西阵织和服会馆等。这些比较有名的店通常需要到官网预约，所以要提早做好准备。挑选和服当天最好一大早就到店，这时人比较少，很多受欢迎的和服也还在。除了和服和配饰，店里也会提供发型的设计，所以不必担心自己的发型不搭调。如果觉得日常的和服还不够尽兴，部分店家还提供歌舞伎的变身，价格也会更贵些，还要小心太多人会找你合影。

韩国是中国一衣带水的近邻，有着源远流长的因缘历史。首尔的姑娘们时尚嗅觉灵敏，当季的流行趋势跟得很紧，也容易扎堆，潮流这个词在首尔街头表现得非常明显，来得快去得也快。韩系搭配中能看到很多欧美风格的影子，同时又融入了自己对于时尚的判断，保留了韩国人自己的时尚观念和审美情趣。

推荐书籍：
《韩国文化的理解》林敬淳
《走·看·玩系列——首尔》JTB出版株式会社

推荐电影：
《假如爱有天意》郭在容
《老男孩》朴赞郁
《杀人回忆》奉俊昊
《辩护人》杨宇锡
《奇怪的她》黄东赫
《阳光姐妹淘》姜炯哲
《我的野蛮女友》郭在容
《八月照相馆》许秦豪
《丑女大翻身》金荣华

关键词
街头风格
韩国街头风做得很好，把东方人的特质和嘻哈融合得浑然天成。上宽下窄+露脚脖+棒球帽或其他帽子或不戴帽子，整体感觉很硬朗、很运动，色彩搭配很有冲击力。

上宽下窄
日本女生的搭配通常会掩饰不完美的腿形，而韩国女生的搭配却通常在显露自己的大长腿。

中性帅气

韩国的时尚文化深受欧美影响，帅气的风格非常受女生的喜爱。不对称、夸张的袖子都是标新立异的设计，一些夸张的造型总能满足大家张扬个性的需求。

重要元素：棒球帽、运动鞋、卫衣、衬衫、精致的配饰、当季流行元素。

风格：街头风格和 OL 风格

要不就用看起来毫不费力的穿搭方式把自己打扮得很休闲帅气，要不就用别出心裁的设计单品穿出精致的 OL 风。

搭配公式

oversize 卫衣 / 衬衫

X 铅笔裙 / 铅笔裤

X 运动鞋 / 帆布鞋

X 棒球帽

X 其他当季流行元素

搭配日记

No.1 阔型

阔型的款式非常符合韩国女生上宽下窄的搭配风格，所以冬天去韩国旅行，可以选择阔型大衣或者羽绒服。

No.2 上宽下窄的穿搭方式

一件宽松休闲的卫衣，一条简洁的铅笔裙，一双运动鞋，这些几乎是每个女生都有的基础款单品，经过简单的搭配就能搭出休闲又随性的街头风格。

No.3 卫衣

一件卫衣已经足够在韩国街头凹造型，光腿套件 oversize 的卫衣，里面可以搭条热裤，脚上蹬双板鞋，既青春活力，又性感。看起来好像是随手抓来毫不费力的搭配，其实也藏了不少小心机呢。另外网袜也可以在此套搭配中大显身手。

No.4 羊羔毛大衣

甜美的羊羔毛大衣，既保暖又好看，简直是冬季的不二单品。

No.5 衬衫

韩国女生很喜欢衬衫，而且总能千方百计地在上面做文章。2015年热播的《她很漂亮》中女二号高俊熙就带起了一波潮流，剧中她把普通的衬衫通过扣子的变化穿出了一字领、单肩的效果，搭配她洋色的短发和标志性的chocker（项链的一种），整体造型清新又时髦。后来反穿衬衫、超长袖口的衬衫、睡衣款式的衬衫也疯狂流行起来。

No.6 休闲西服

穿上休闲西服的女人绝对是战袍加身。进可攻，退可守。既能驰骋职场，气场超群，又可行走街市，帅气时髦。这种攻气十足的单品，绝对让你在首尔街头一“站”成名！

No.7 吊带外穿
背心、胸衣、吊带裙等单品，韩国女生很喜欢搭配在打底衫或者衬衫外面穿，所以如果你有类似的单品，可以尝试这样的搭配，会打造出完全不一样的风格哦。
I'm kiwi !

No.8 街头风格

韩国男生的街头风格非常有特点，上身选择宽松阔型的款式，穿出轻松休闲的味道，下身搭配牛仔短裤和运动鞋。而韩国女生多选择休闲运动的套装，无论是运动鞋还是短靴，都能穿出欧美风的感觉！运动发带或者棒球帽都是必备的搭配单品！

No.9 潮

经典的毛呢外套上贴了一些星球元素，风格立刻从欧美变成了街头，另外搭配的围巾、卫裤也都是风格鲜明的单品，既有整体又有细节的一身搭配，简直是——完美！

曼谷 期待已久的狂欢 Bangkok

曼谷好似一个荷尔蒙爆棚的酒吧，抑或是一场盛大的嘉年华，反正你刚刚踏足这里，随着湿热空气扑面而来的，就是热烈和喧闹，仿佛有什么欢快的韵律般，带动着你一起兴奋起来，进入这一场期待已久的狂欢。

想在这里穿得足够嗨，就要把民族风和时尚感结合得很极致。全身民族风单品太过保守，全身的时髦元素又缺少了味道。

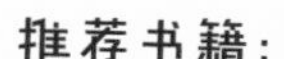

推荐书籍：

《文化震撼之旅：泰国》罗伯特·库泊、南萨帕·库泊

《泰国灵符》琳恩·汉弥尔顿

《我是艾利：我在海外的经历》塔娜达·萨湾登

《四朝代》蒙拉查翁·克立·巴莫

推荐电影：

《初恋这件小事》

普特鹏·普罗萨卡·那·萨克那卡林、华森·波克彭

《爱在暹罗》查基亚特·萨克维拉库

《拳霸》普拉奇亚·平克尧

《鬼夫》班庄·比辛达拿刚

《冬阴功》普拉奇亚·平克尧

Tips：曼谷大皇宫对于进去参观的旅客的服饰是有着严格要求的：参观者不可以穿短裤、短裙、紧身裤，可以穿紧身衣但是不可以穿在外面，旅客穿的裤子长度必须要盖过小腿肚。不可以穿无袖的上衣、背心和透明的衬衫，上半身的着装不能露出肩膀和肚脐。上衣的袖子不能向上卷起，同时不可以穿露出脚踝或者脚后跟的鞋子。如果你的着装不符合要求，你就不能进内参观。所以在你前往大皇宫参观之前，一定要整理好自己的衣着。

搭配日记

No.1 灯笼裤 / 阔腿裤

灯笼裤和阔腿裤的样式、夸张的金饰，这些都符合泰国传统的服装风格和审美，带着民族风的基因；而颜色的撞色、大面积花朵图案和波点，都增加了时髦感，就好像是曼谷传统和现代审美的融合。

No.2 印花开衫

在当地编个彩色头绳，是不是造型一下就凹出来了。选择了短款的上衣，搭配热裤，清凉又休闲，外搭一件民族风格印花的开衫，既能遮阳，又让整身搭配更完整。此外选择那种到脚踝的超长款印花衬衫也不错哦。

No.3 小礼服

如果你选择去悦榕庄酒店看曼谷360度夜景，记得注意着装哦。男生最好穿正装，至少长裤是必须的，女生穿小礼服。我选择了略有设计感的极简风格的小礼服裙，旅行的意义当然是要开心，美美地吃大餐、看夜景喽！

No.4 露肤度

曼谷本来就是一座热辣、性感的都市。再加上地处热带，适当的露肤度和一些夸张的设计元素，可以让你看起来更加清爽时尚。在泰国并不是每个人都喜欢民族风，很多网红穿着偏向轻名媛风！白色的镂空透视单品就是很好的选择。网纱、立体花朵或者肩部的蝴蝶结装饰可以增加甜美度！

Chiang Mai Chiang Rai Pai

清迈、清莱、拜县

暹罗之恋

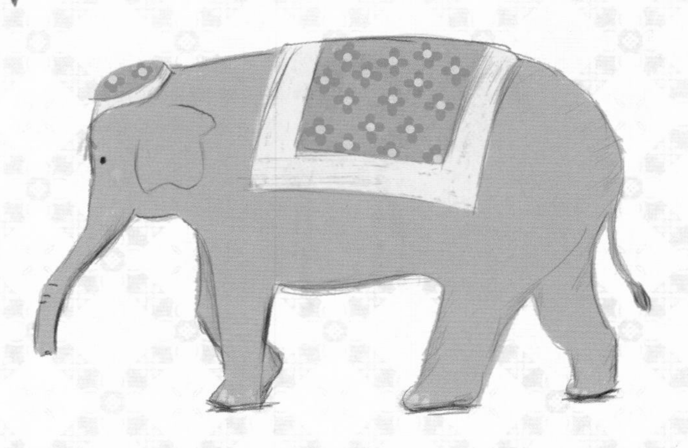

曼谷是时尚感和民族感激烈碰撞的都市舞台，普吉是热辣而奔放的海岛嘉年华，而清迈、清莱和拜县却是清新甜蜜的小资咖啡厅。

着装一定要拿捏好尺度，既要甜美清新，又要小心过于矫情或乡土气息太浓；既要随意舒适，又不能过于随便；既要带点小时尚和个性，又不能过于野性或都市化而打破本来的宁静。还有什么筒裙呀、铅笔裙呀……过于束缚又正式的单品也不要带过来，这里就应该选择符合少女气质，能跑能跳又清新舒适的装扮。总的来说就是：田园气息+民族风+清新+朴实+文艺！

推荐书籍：

《清迈小时光：清迈和泰北手绘旅行》苏三

推荐电影：

《荷尔蒙》松耀司·舒克马卡纳尼

《爱在拜城》普拉奇亚·平克尧

《人在囧途之泰囧》徐峥

重要元素：最具田园代表的蓝白色方格、白棉布、当地对襟连衣裙、民族风图案的短裤、衬衫、连衣裙等。
Tips：一般去清莱都是奔着白庙、黑庙、蓝庙去的，但是寺庙要求着装不能过于暴露，裙裤都不能短于膝盖，如果你穿着吊带，最好要戴条丝巾。

搭配日记

No.1 民族风

在清迈出名的周末夜市，里面有很多民族风格的对襟开衫，只要几美元，在这里刚好穿得上。清新的颜色再适合不过了，再配上一个民族刺绣的包包、绣球元素的凉鞋、流苏饰品，非常完美的一身民族风搭配，正好可以去附近大大小小的寺庙逛逛。在细节处的印花和流苏装饰，也更有融入感，增加度假气氛！

No.2 少女风

洋蓝色、粉色、鹅黄色本来就给人清新的感觉，再选择一些荷叶边、一字领设计的连衣裙，可以增加甜美气质，如果还嫌不够甜美，选择带有蕾丝花边的连体衣也非常适合拜县旅行。

Tips: 摩托车是清迈非常重要的交通工具，到处都有摩托车租赁店，按天时计算，租赁摩托车的时候最好备好国际驾照，一定要戴好安全帽，否则被交警抓到会罚款！

No.3 亚麻质地
选择亚麻质地的衬衣或者裙装，简单清爽，很符合清迈安静的氛围。配一款帆布包和白色球鞋，清新又充满活力。坐上双条车去夜间动物园，去夜市，去古城，去大象营，车子飙起来，凉风吹起来，世间怎么会有烦恼一说呢！
去夜间动物园，还可以在动物园园区内购买超级可爱的动物头饰！

No.4 花纹连衣裙

花朵刺绣也属于自然气息浓重的清迈风格，印花可以选择饱和度较高的颜色，鞋包颜色最好搭配一致，可以让整体看起来和谐统一，既不会显得太杂乱，又甜美时髦。去塔佩门和鸽子们亲密互动吧！

河内、芽庄
这些城市宛若《情人》
Hanoi NhaTrang

她们既有法国女人的浪漫，又有东方女人的温婉。如同刚出浴的美人，浑身润湿，还散着淡淡的清香，水珠顺着头发淌下来，落在咖啡碟上，衣衫把曲线勾勒得玲珑有致。有风吹过，后摆时而漾起，仿佛爱慕她的男子心头的波澜。

她望着远处，晨光透过薄薄的雾气散在河面上，水上的船只载了满当当的花朵和水果，慢悠悠地荡向市集。一切都升腾出一种不紧不慢又沉静诗意的气息。

推荐书籍：

《情人》玛格丽特·杜拉斯

推荐电影：

《情人》让-雅克·阿诺

《青木瓜之味》陈英雄

《恋恋三季》托尼·裴

《夏天的滋味》陈英雄

搭配风格：传统服装——奥黛

No.1 奥黛

越南国服，通常使用丝绸等软性布料，上衣是一件长衫，源自旗袍，却不输妩媚，更胜一分温婉。胸袖剪裁非常合身，突显女性玲珑有致的曲线，而两侧开高叉至腰部，走路时前后两片裙摆随风飘逸，偶可见腰，似不盈一握，曼妙不可言。下半身配上一条喇叭筒的长裤，日常生活的行、住、坐、卧都很方便。过去奥黛的颜色代表了年龄与地区，少女是纯洁的白色，未婚女子是柔和的粉色，已婚妇女则是深色，北越女性喜好黄绢色，中越女性偏爱紫檀色，而南越女性则选择白色或刺绣花样，但如今已经没有分别了，你甚至会看到使用牛仔布、皮革、珠串，甚至石头设计的越南现代化奥黛，而为了衬托优雅的身段，西式的高跟鞋也成了不可或缺的配件。

No.2 越南男子

相对应也有一种叫 Ao gam，通常在重大节日和婚丧礼等场合穿，但是今天只有中年男子才穿 Ao gam。

Tips：奥黛凸显女性上半身玲珑身材，所以如果腰身不够纤细，最好可以穿上束腰，如果胸部不够丰满，也可以多加一层厚胸垫。奥黛的开衩很高，会露出 3~5 厘米的侧腰，在娴静中增加一些妩媚和性感。但如果你想穿腰封，就不要露出来了，这要看自己如何取舍了。

No.3 增加时尚感

一方面在配色上，另一方面在材质上，可以选择轻微有些透视感的面料，里面配上撞色的吊带或者胸衣，也是一种与众不同的搭配方式。或者把立领长袖的样式，改成抹胸的款式，也会为传统的奥黛增加时尚感。

No.4 其他搭配

日常服装建议选择有垂感、轻薄的面料，以及简洁的款式，可以有适当的露肤度，像越南米粉一般看起来清淡，品过齿间留下酸辣鲜香。青色、淡蓝色、绿色等冷色调的衣服，一方面在温度高的越南会有清凉感，另一方面又体现了当地湿漉漉的气候。过于华丽或金属色不太适合越南。日常的吊带衫或者连衣裙，搭配一个当地的斗笠也会让你立刻融入越南的氛围中。

No.5 定制奥黛

会安定制奥黛的服装店是最多的，小小的会安古城就汇集了200多家裁缝店，而且听说手艺是最好的。其他城市也都很容易找到定做奥黛的店，胡志明市的范五老街、河内的三十六行街等等。普通的奥黛加工费只要人民币200元左右，你也可以在婚纱店或奥黛店租奥黛，一天30－90元，定制的时间也不久，快的5、6个小时，慢点儿一天也好了。

搭配日记

No.1 奥黛

奥黛是越南的传统服装，领口和上半身的腰身借鉴了旗袍，而下半身散开的裙摆、高过腰际的开衩、阔腿裤则更能凸显越南女子温婉清雅的气质。如果想在传统的服装中加入个人的色彩，穿得更时髦，可以选择有轻微透视感的上衣配胸衣，或者上衣是裹胸的样式。搭配时尚的手拿包，一定给人感觉眼前一亮。

No.2 轻薄材质

那些雪纺、亚麻等轻薄又透气的材质非常适合越南这样湿热的天气。颜色也选择比较淡雅的，温婉内敛。配上一顶大檐帽和草编包，即便不穿奥黛，也像极了当地的女子。

No.3 传统印花

斜襟样式的灵感就来自于传统服装，所以自带民族风情。即便不是斜襟的样式，这种典雅的用传统印花布料制作的长裙也很适合在越南穿，比穿奥黛又显得更时髦一些，为了更突出越南当地特色，可以选择戴一顶斗笠。

No.4 露肤度连衣裙 X 斗笠

一切简洁舒适的连衣裙，立体欧根纱花朵，配上斗笠，都可以成为越南的好风景。连衣裙的现代元素不要过多，样式也不要太浮夸，简洁的材质和款式、清淡的色彩最合适。

孟买、新德里

Mumbai New Delhi

圣诗般的纯美曲调

在印度，不分地点，随处可以看到穿着莎丽的女子，这是印度女人心中难舍的情愫，它诠释了印度人对美的理解。而对这种美最好的评价不过是那句“如果泰戈尔的诗里有最高超的理想主义，那么莎丽里就有女人最美丽的情怀。”

推荐电影：

《三傻大闹宝莱坞》拉吉库马尔·希拉尼
《贫民窟的百万富翁》丹尼·博伊尔
《我的名字叫可汗》卡伦·乔哈尔
《早安孟买》米拉·奈尔
《觅迹寻踪》里马·卡蒂
《未知死亡》A.R. Murugadoss
《阿育王》桑托什·斯万
《少年派的奇幻漂流》李安

推荐书籍：

《古印度神话》

海娜

这是一种民间艺术，是用天然植物指甲花的叶子或幼苗磨成糊状颜料，然后在手掌、手背和脚面上绘图。印度有种说法：“没有海娜的婚礼不是完美婚礼。”无论新娘出身贵贱，她的手上一定要描绘上精美细致的海娜图案——一般是印度的国鸟孔雀和国花莲花，象征着美丽和富贵。如果你对这门手艺感兴趣，可以自己买海娜粉、海娜膏试试看。

吉祥痣

大部分人对印度女人最初的印象，除了万种风情的莎丽，或许就是她们眉心的这颗吉祥痣了。传统的的方法是用朱砂、糯米、玫瑰花瓣等材料捣成糊状，点在眉心，不仅修饰脸颊，还有已婚的意思。但现在不管已婚还是未婚，都可以点上吉祥痣了，颜色和形状也更加多样化，可以根据衣服搭配自由选择。吉祥痣的画法要比海娜简单得多，还可以买装饰贴，贴在脸颊上做点缀。

重要元素：莎丽、乔丽衫、衬裙、古尔蒂、吉祥痣、海娜、各类丰富的配饰、佩里斯纹、东方风情的几何图案、刺绣、艳丽的色彩。

配饰

印度人喜欢佩戴各种各样的饰品，发饰、耳饰、额饰、鼻饰、项链、腕镯、上腕饰、指环等，多为金、银、宝石。有些地方甚至把首饰看得比衣着更重要。根据传统风俗，印度男子把首饰赠予女子被视为应尽的义务，而女子把佩戴饰品视为生活的重要内容。

莎丽
莎丽是印度、斯里兰卡、孟加拉国、尼泊尔等国女性的一种传统服装。一般长度 5.5 米，宽 1.25 米，表面有精美的刺绣，充满了东方风情。穿法也繁简不一，分为包头式、披肩式、垂挂式三种。传统印度女人的服饰由三部分组成，乔丽衫是紧身的短上衣，衬裙是围在莎丽内的宽松长裙，最外面就是莎丽。所以旅行时在当地买到了心仪的莎丽后，还要到裁缝店去配乔丽衫和衬裙。挑选时记得三者色彩和纹样的搭配。
古尔蒂
如果你经常看印度电影，对印度女性的另一种传统服装一定不陌生。上衣宽松，长及膝部，这是“古尔蒂”；下身的紧身裤子叫作“瑟尔瓦”；通常还会配一条围巾，长长地向后飘去。

搭配日记

No.1 传统莎丽

与其说莎丽是女人最美的衣裳，不如说它是女人心机满分的战袍。它一面尽显出窈窕曼妙的曲线，一面又自带让男人抓狂的神秘感。所以即便你一向以女汉子自诩，在影影绰绰的莎丽助攻下，也定能吸引男神的目光。

No.2 古尔蒂

如果你理不清莎丽缠裹的头绪，那选择古尔蒂也不错，也能把当地的民族风情彰显得淋漓尽致。

No.3 让民族服装更时髦

为了迎合印度市场，爱马仕就曾推出过限量版莎丽，所以如果想把莎丽穿得更时尚简约，可以向爱马仕学习，选择装饰性更少的莎丽，舍弃传统纱丽中经常有的 Blingbling 元素，里面的衬裙也可以换成更中性的衬裤，不戴珠宝饰品，而是换成头巾，再配个手拿包。民族风混搭流行元素，让时髦指数倍增。

No.4 金属色 & 夸张配饰 & 头巾

用金属色、夸张配饰、透明感、纱质、头巾等充满了异域特色的元素，来打造一个都市风格，看起来时尚度爆表，可是又处处能透出印度的万种风情，让你看起来时髦又神秘，和这个国度完美融合。这几套搭配灵感来自于《Air France Madame》。

Dubai Abu Dhabi

迪拜、阿布扎比

在沙与海之中的"欲望都市"

神秘的中东风情，是时而狂躁时而温情的沙漠，是直冲云霄的摩天楼，是珠宝般闪烁的夜景，是飘逸的长袍，还有躲在面纱后美丽的容颜，是名副其实现代与传统的融合，并且总能超过你的想象。很多人来这里寻找纸醉金迷奢华的生活，而我觉得，这里更适合窥探未来。

在这里着装的灵感缪斯，恐怕就是《一千零一夜》里的茉莉公主了。宽大的灯笼裤、翘头的鞋子、金色的配饰，还好你不必想象，只需感谢一下迪士尼给我们出的公主版时尚画报。

推荐书籍：

《一千零一夜》

《迪拜·阿布扎比玩全攻略》 墨刻编辑部

推荐电影：

《速度与激情 7》温子仁

《欲望都市 2》迈克尔·帕特里克·金

《天国王朝》雷德利·斯科特

《阿拉伯的劳伦斯》大卫·里恩

《碟中谍 4》布拉德·伯德

《致命紫罗兰》科特·维莫

风格：阿拉伯风格

阿拉伯世界对于艺术美有独特的追求。由于伊斯兰教反对偶像崇拜，排斥具象，因此阿拉伯艺术作品中缺少对人物和动物造型的塑造。艺术家们的才思智慧都集中在书法艺术、几何图案和巧妙别致的构思中，具有明显的抽象法和形式化的特征。

秀场灵感

如果去迪拜旅行前找不到选择服装的思路，可以去翻看下 Chanel 2015 年早春度假系列，Chanel 这次一口气发布 80 多个 Look，总有那么一两套可以激发你的灵感。Karl Lagerfeld 说：“这次设计的灵感是一个十分浪漫的想法，它充满着我对 21 世纪东方神话的一切幻想。”

必备元素：黑色、阿拉伯长袍、卡夫坦长衫、金属色、弯月图案、灯笼裤、亮片、伊斯兰回纹饰图案、头巾、阿拉伯风格配饰、金属丝刺绣、半裙搭配长裤、镀金工艺、浮雕设计、绉纱披肩、披风、灯笼袖。

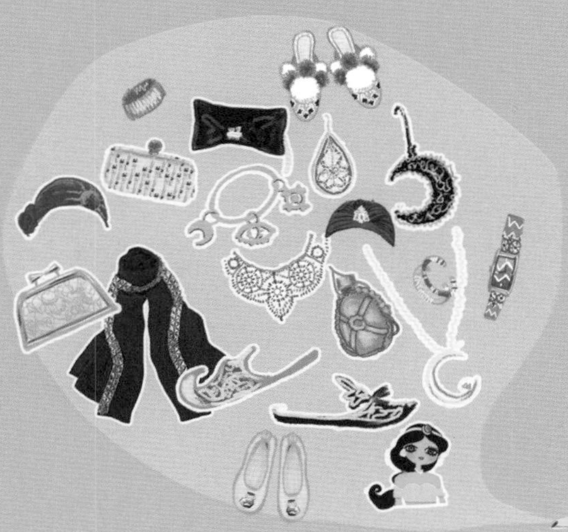

禁忌：低俗暴露

不能穿露胳膊、腿和肚皮的衣服。特别是在斋月期间更需注意。男人要始终穿长裤，女人要穿宽松的裤子，如果穿裙子，裙摆必需过膝。迪拜在所有阿拉伯国家中是最宽松和自由的，在穿衣上对游客还是比较宽容的，但如果你能尊重他们的习惯，将会受到更多的尊敬。

搭配日记

No.1 纯色连衣裙

纯色的连衣裙配上同色的纱巾，用单肩的方式披挂在身上，既有中东的风情，又能减少露肤面积，尊重当地习俗。如果觉得纯色太过单调，记得选择一款彩色或金色的夸张配饰来丰富搭配效果。

No.2 黑色 x 金属色

黑色是穆斯林女人的长袍的颜色，象征着她们神秘又高贵。而金属色能够增加时尚感。新月是伊斯兰国家新历的开始，也是他们的信仰和标志。金属色的手拿包和手镯、尖头的绑带凉鞋……精心刻画了完美的中东风情，现在，开始你的一天零一夜吧！

No.3 更时髦

与衣服同色系的头巾，看似款式简单，没有过多的花纹装饰，却处处充满了设计的小心机，神秘又保守，特别的纽带设计让它变得不简单！

No.4 卡夫坦长衫

卡夫坦长衫可以追溯到 14 世纪，由于天气炎热，轻便而凉爽的卡夫坦长衫成为远东至中东地区人们的传统服饰。20 世纪 60 年代末嬉皮运动时期和 70 年代西方开始对神秘的东方风情着迷时，卡夫坦长衫也开始走向时尚圈的宇宙中心，高级定制品牌斯蒂芬・罗兰（Stephane Rolland）就在 2013 夏季推出限量卡夫坦系列，但只在迪拜销售。因此来中东旅行，自由、飘逸的卡夫坦长袍绝对是经典单品，搭配一条头巾，还可以挎一个很具有当地特色的沙漠水壶，比任何大牌的包包都时髦。

No.5 灯笼裤

月亮元素项链、露脐短款上衣，茉莉公主的阔腿裤配上尖头皮鞋，像调制鸡尾酒一样将东方情怀与摩登时尚完美地糅合在一起。

头巾的系法

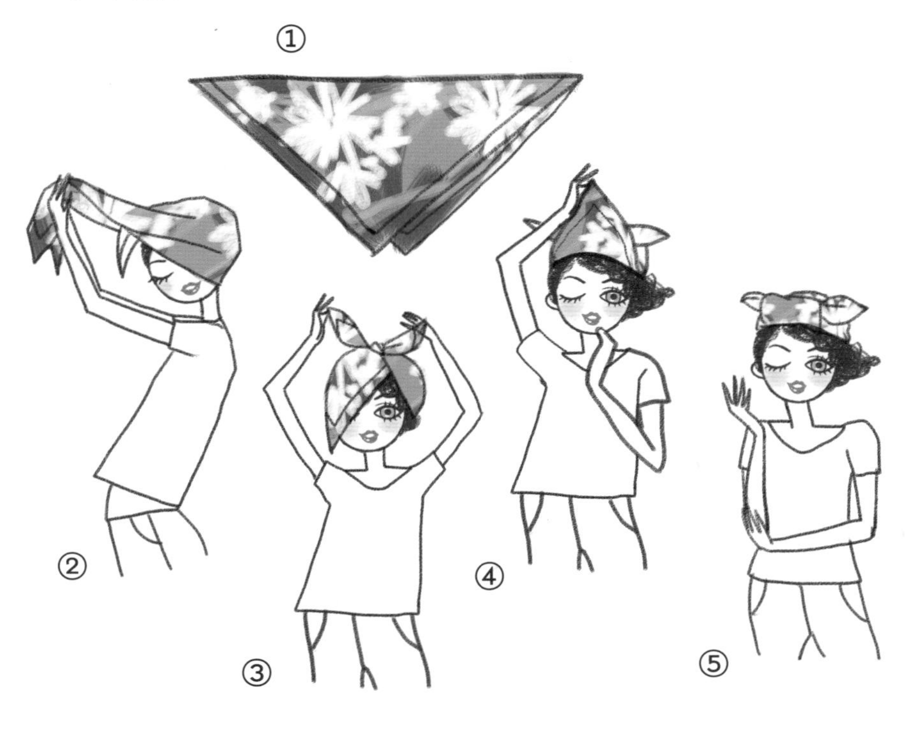

第二章 欧洲 Europe

这里，汲取各地灵感，

用独到的品味缔造了时尚帝国，

是世界时装的摇篮，也是霸主。

所以要用简洁、时髦的装扮，

跟上这里的时尚脚步。

列宁、斯大林、普希金、托尔斯泰、高尔基、柴科夫斯基……这些灿若星辰的名字，都属于这里。她既是铮铮铁骨的革命者，也是才华绝世的艺术家，她是最广袤冰寒的北境之地，却孕育了最热忱激情的子民。这是多面的莫斯科，而这里女人也一样，她清纯，也妩媚；她可爱，也性感；她温柔，也干练……在这里，你要展现的就是那个硬朗、大气、率性的自己。

推荐电影：

《镜子》安德烈·塔可夫斯基
《战争与和平》谢尔盖·邦达尔丘克
《伊凡雷帝》谢尔盖·爱森斯坦
《安德烈·卢布廖夫》安德烈·塔可夫斯基
《意大利人在俄罗斯的奇遇》艾利达尔·梁赞诺夫、弗朗哥·普罗斯佩里
《莫斯科不相信眼泪》弗拉基米尔·缅绍夫
《西伯利亚的理发师》尼基塔·米哈尔科夫
《对话索尔仁尼琴》亚历山大·索科洛夫
《12 怒汉：大审判》尼基塔·米哈尔科夫
BBC 纪录片《俄罗斯艺术》

推荐书籍：

《叶甫盖尼·奥涅金》《青铜骑士》普希金
《安娜·卡列尼娜》《战争与和平》托尔斯泰
《罪与罚》陀思妥耶夫斯基
《静静的顿河》米哈依尔·亚利山大维奇·肖洛霍夫
《圣彼得堡故事》《克里姆林宫故事》《独特的俄罗斯故事》费多洛夫斯基

风格：军装风格

由士兵制服衍生出来的服装风格。第一次世界大战后，欧洲一些设计师受到启发，开始把军装制服的制作元素引入到服装设计中，第二次世界大战中，军装元素开始大量使用，裤装、军用风衣、背带裤、跳伞服等风行一时，整个服装风格呈现出硬朗、男性化视觉感受。军装元素包括肩章、金属扣、领章、翻领、腰带、平顶帽、皮靴、排扣、多拉链、多口袋等。

搭配公式

飞行员夹克／卡其布外套／军装风大衣／皮衣／毛呢大衣……

X 皮裤／毛呢裤／皮裙／中长裙……

X 军靴／过膝靴

X 皮草围脖

搭配误区

硬朗和大气，并不意味着完全的中性风格，长裙、皮裙这些充满女人味的单品更能搭配出理想的俄罗斯风格。

关键词

No.1 抗寒材质

要抵御北境之地的凛冽，少不了毛呢的扎实、皮草的粗犷（提倡人造皮草），以及皮革的挺括率性。

No.2 欧美搭配

俄罗斯人的体型和文化也决定了搭配风格采用简洁大气的欧美风。

No.3 军装元素

这是一个被我们称作“战斗的民族”的国家，和她联系在一起的也常常是革命、战争，如果每个地方都有自己的性格，那么俄罗斯是肃穆的、男性化的，它表达的是一种大气、庄重的美，因此把军装元素渗透进搭配中恰到好处。

重要元素：橄榄绿、卡其色、棕色、灰色、黑色、藏蓝色、毛毡帽、平顶帽、皮裤、过膝靴、军靴、皮手套、毛呢材质大衣、皮草配饰、军装元素、硬朗简洁的背包等。

搭配日记

No.1 民族风

可以穿着灯笼袖的刺绣上衣，刺绣选择红或蓝的花朵，搭配长裙，弹着巴拉莱卡，融入俄罗斯热情的民族氛围里！

No.2 卡其布外套

军装风格的卡其布外套，搭配白衬衫、皮裤或呢料长裤、皮靴，把潇洒、随性诠释得恰到好处，左边是模仿瑞典名模 Frida Gustavsson（弗丽达·古斯塔夫）出街搭配。

No.3 军装大衣

多口袋、金属扣，这是 Ferragamo（菲拉格慕）2012 秋冬系列，广泛应用了军装元素制作的时髦大衣，非常适合在红场街拍。另外，极简款的皮靴和宽皮革肩带背包，也从细节处渲染了军装风格，使整体搭配更为纯粹。

No.4 超长款大衣

皮草质地的围脖既能御寒，又能增加搭配层次，不会让整体的搭配感觉太过单调。腰带的搭配使得慵懒优雅的长款大衣增加了干练味道。简洁挺括的皮包使整体搭配更为协调。

No.5 皮风衣

皮质风衣一出世就带着呼风唤雨的气场，给人坚定、强大、硬朗的感觉，同时它又是简洁和时尚的代表，和俄罗斯所传达的风格非常一致。

No.6 飞行员夹克

飞行员夹克搭配平顶帽，这两件单品都属于军装风，富有华丽感的羊羔毛领口，在硬朗的搭配中增加了柔美气质。搭配灵感来自于俄罗斯时尚名媛 Elena Perminova（埃琳娜·佩米诺娃）。

Paris 巴黎

是时髦的艺术，也是衣香鬓影里的刀光剑影

外表美得张扬惊艳，内在又充满了学识和底蕴。你要她安逸恬静、浪漫优雅，还是要她妩媚热辣，她都可以完美诠释。她是一座家喻户晓的城市，甚至她的每一个地标也同样家喻户晓，所以当你与那些大名鼎鼎的建筑擦身而过时，你不知道用怎样的凝视和探索才算是珍惜。

巴黎的女人比巴黎还要有名。骨子里的法式浪漫主义，要求她们重视服饰色彩和剪裁，也重视服装和身体结合时产生的氛围与美感。她们将时髦的艺术和女性的独立精神、冷静客观的现实主义和生机勃勃的浪漫主义进行了融合。

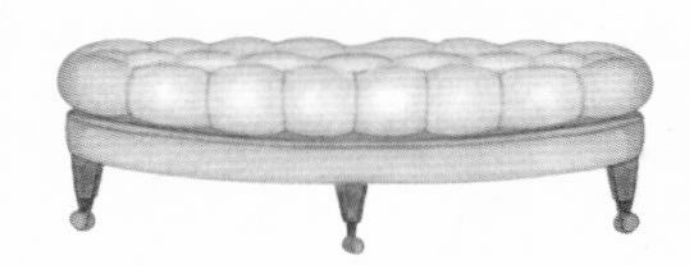

推荐电影：

《香奈尔秘密情史》杨·高能
《时尚先锋香奈儿》安妮·芳婷
《芳芳》亚历山大·雅丁
《龙凤配》比利·怀尔德
《蒂凡尼的早餐》布莱克·爱德华兹
《漫长的婚约》让-皮埃尔·热内
《这个杀手不太冷》吕克·贝松
《放牛班的春天》克里斯托夫·巴拉蒂
《两小无猜》杨·塞谬尔
《巴黎我爱你》奥利维耶·阿萨亚斯等
《天使爱美丽》让-皮埃尔·热内
《毕加索的秘密》亨利-乔治·克鲁佐
《悲惨世界》汤姆·霍珀
《巴黎公社》彼得·沃特金
《爱在日落黄昏时》理查得·林克莱特
《午夜巴黎》伍迪·艾伦

推荐书籍：

《巴黎圣母院》雏克多·雨果
《茶花女》亚历山大·小仲马
《凡尔赛宫原来可以这样看》尼古拉·米洛瓦诺维奇
《卢浮宫名画为何如此有趣》井出洋一郎
《巴黎：发现时尚的起点》荻野雅代、樱井道子
《巴黎文丛系列丛书》柳鸣九等

关键词

No.1 中性

把女性化单品和男性化单品一起使用，调和出更迷人的状态。比如宽松的男士衬衫搭配女性化的饰品，如丝巾、珍珠、胸针等；或者用高跟鞋或短靴来搭配硬朗的牛仔裤，而不是同样男性化的运动鞋；而运动鞋呢，是用来搭配裙装的，如此才显得随性潇洒。

No.2 经典单品

选择高品质的经典单品绝对是一个聪明的方式，让自己的造型永远优雅又不过时，比如风衣、小黑裙、白衬衫、羊绒大衣。

No.3 慵懒随性

这是通过一些简洁大气的单品打造出来的，让人看起来毫不费力，实际上细节处都会有所设计，才不会让慵懒变成邋遢，随性变成毫无个性。

风格：法式风格

什么算是法式风格呢，她随性又考究、慵懒又浪漫、复古又时髦。你总能从中找到过去的影子，可却丝毫不觉得过时，它通过经典的单品来打造属于自己的风格。用香奈儿小姐的话来形容最为恰当：时尚转瞬即逝，唯有风格永存。

搭配单品：贝雷帽、长裙、伞裙、风衣、长毛呢大衣、男士衬衫、条纹衫、白衬衫、阔腿裤、喇叭裤、吸烟装、小黑裙、芭蕾舞鞋、大檐帽、手套、丝巾、头巾、胸针。

搭配公式

白衬衫 / 条纹衫

X 伞裙 / 长裙 / 阔腿裤 / 百褶裙 / 喇叭裤

X 贝雷帽 / 大檐帽

X 丝巾 / 头巾

X 长款毛呢大衣 / 卡其色风衣

搭配日记

No.1 羊绒大衣

超长款的羊绒大衣，典雅温和的洋驼色，光滑柔和的面料……或许里面只穿了件蕾丝吊带裙，或许配着毛呢短裙，但是简洁的款式、精细的裁剪，不需要任何冗余的装饰，就轻松打造了一个干练、大气的巴黎女人。

No.2 白衬衫

宽松的白衬衫看似是件保守又无趣的单品，但是女人一旦穿上它，就起了化学反应，显得大气又时髦。所以挑一件款型和材质好的白衬衫，配一条阔腿裤，既能显出好身材，又充满了时尚感。另外，白衬衫的穿法也可以学习《罗马假日》中的奥黛丽·赫本，《巨人传》中的伊丽莎白·泰勒，还有《风月俏佳人》中的茱莉亚·罗伯茨。

No.3 风衣 VS 丝巾

最有名的风衣品牌在英国，可把风衣穿得最淋漓尽致的却是法国人。当我乘坐着欧铁从琉森到达巴黎时，看到街头出现最多的单品就是卡其色风衣。一件风衣、一条丝巾，再不需要什么单品来赘述法式的优雅了。而且这两件单品从不过时，从20岁到90岁，它们能陪伴女人的时间，说不定比男人还长。

No.4 套装

经典的小香花呢套装，时新的粗花呢加入金银线、结子纱、雪尼尔线等花式纱线，追求表面凹凸变化的肌理和丰满闪耀的色泽，这是COCO小姐的最爱，优雅又随性。或者穿着同色系针织套裙、衬衣套装，是既省事又出彩的选择，看起来和谐统一，精致的搭配又非常适合浪漫的巴黎，总之套装绝对是强迫症和搭配恐惧症的完美选择！

No.5 经典款

这一身是 MaxMara 15 年秋冬的造型，当时大秀的主题是“梦露复活”，我觉得这场秀所有的造型都很适合在秋冬的巴黎街头穿，其中所有单品也都是经典款，你找不出其中有什么夸张的不曾见过的设计元素，可是这样的颜色和款式搭配在一起就是给人一种慵懒、复古又优雅的感觉，即便是现在看也不过时。

Southern France 法国南部

属于中世纪骑士的秘密花园

这里有世界上最古老的葡萄酒庄，上百年阳光的味道在你的舌尖起舞；这里是那些最负盛名的艺术家灵感的温床，历史古迹与自然之美共筑你的视觉盛宴。你追着凡·高的足迹来到这里，扑面而来的是夹杂着阳光香气的《麦田》，不远处是《向日葵》和《鸢尾花》的花海，日落了可以到《夜间的咖啡馆》坐坐，看看绚烂的《星夜》。所以去法国南部旅行，既要穿出法式的优雅简洁，又要穿出南部的清新浪漫。

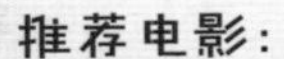

推荐电影：

《普罗旺斯的夏天》罗丝琳·伯胥

《香水》汤姆·提克威

《父亲的荣耀》伊夫·罗伯特

《屋顶上的轻骑兵》让-保罗·哈本诺

《浓情巧克力》莱塞·霍尔斯道姆

《憨豆的黄金周》史蒂夫·班德莱克

推荐书籍：

《普罗旺斯的别致生活》卡萝尔·郡克沃特

《下一站法国南部》郭敬明、笛安、落落、安东尼、恒殊

重要元素：法式、浪漫、田园、随性、时髦、简洁、白色、方格、条纹、印花、雪纺、欧根纱。

搭配单品：条纹衫、大檐帽、黑超、芭蕾舞鞋、丝巾、伞裙、长裙、短衫、方格铅笔裤、印花长裙。

风格：法式田园风格
既要有法式的优雅、简洁，也要穿出田园般的浪漫气息，都市的时髦感和郊外的少女气质同样重要。

搭配日记

No.1 复古

轻薄材质有一定通透感的白衬衫，款式略微宽松，自带法式的慵懒随性，而大地色系的格纹又增加了质朴的田园风格，也让整身搭配复古又经典。

No.2 朴素又浪漫

优雅的法式贝雷帽、质朴的粗线毛衣、甜美的花边衬衫、灯芯绒裤、田园系丝巾、粗犷的麂皮短靴，不同风格的单品凑一起，却因为色彩上的和谐，让搭配格外协调又风格鲜明。它可以是凡·高画里浓重的色彩，也可以是莫兰迪高级灰的色系，它质朴又复古，像是画中走出来的少女。

No.3 条纹

经久不衰的条纹连衣裙可以穿到海边，也可以穿到城市之中。而复古的女孩会选择带有宽腰带的条纹连衣裙来凸显法式复古味。条纹衫是法国常见的经典单品，搭配一条牛仔下装，简洁又休闲。为了增加田园气质，选择了草编帽和草编包。细节处的亮色作为点睛之笔起到为整体搭配提亮的作用。而芭蕾舞鞋诉说了满满的少女情怀。

No.4 蓝白色维希格

看到右边这张图片时有没有觉得很熟悉？致敬赫本一张早期经典的照片，虽然大有可能是在美国拍摄的，但是这身搭配真的很适合在法国南部度假时穿。蓝白格子与生俱来的田园气息，在法国南部的戏份中绝对不能少！再配件白色短衫、白色平底鞋，让整体搭配分外清新。包裹式的头巾不好驾驭可以改成同色系发带。

No.5 茶歇裙

轻盈飘逸的茶歇裙，选择清新自然的花草印花，或者布满蕾丝的法式“睡裙”，简洁随性的款式，无需繁杂，绝对是对浪漫和田园最好的诠释，那就好好享受南法的海风和阳光吧。

海风里夹着海妖的歌声，霞光中藏着众神的荣耀，基因里传承着苏格拉底、柏拉图、亚里士多德的智慧，这里就是雅典。当世界还沉睡在古老时代的黑暗中时，文明的曙光就已经在这里升起。

千年如一日的雅典，既属于众神，也属于凡人。所以作为凡人的我们要想融入这种带着神光的氛围中，穿着上就要带点“仙气儿”。

推荐书籍：
《希腊神话》古斯塔夫·斯威布
《荷马史诗》荷马
《恺撒战记》盖乌斯·尤里乌斯·恺撒
《千年一叹》之《哀希腊》余秋雨
《理想国》柏拉图

推荐电影：
《全美超模》第 17 季
《007 之最高机密》约翰·格兰
《雅典，重返雅典古卫城》西奥·安哲罗普洛斯
《声陷地中海》科斯塔斯·费瑞斯
《特洛伊》沃尔夫冈·彼得森
《奥德赛》安德烈·康查洛夫斯基
《亚历山大大帝》奥利弗·斯通
《伊阿宋与金羊毛》尼克·威林
《时光大盗》特里·吉列姆

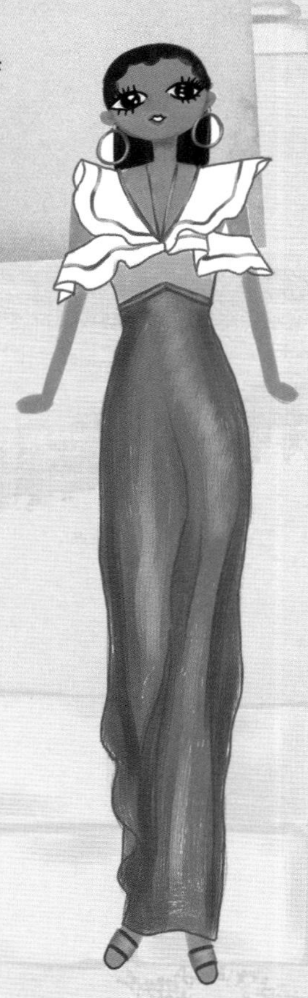

香奈儿（Chanel）2018 年度早春系列大秀于巴黎大皇宫开始，这次老佛爷 Karl Lagerfeld（卡尔·拉格斐）营造了一个梦幻的古希腊世界，完美诠释复古古典时尚定义。从秀场的设计上，一股浓烈的古希腊气息扑面而来，古希腊文艺复兴文化也是本次系列的灵感来源。

风格

发型：古希腊女神的发型，比如蝎子辫、麻花辫，盘在头上，或者就是单独一跟小发辫从额头盘过来做发带，其余的头发散下来；也可以在额头两侧各扭一股发辫，其余头发散下来。

服装：材质轻薄，具有一定的露肤度或者通透感，这样既可以体现“仙气”，又适合这里的地中海气候。

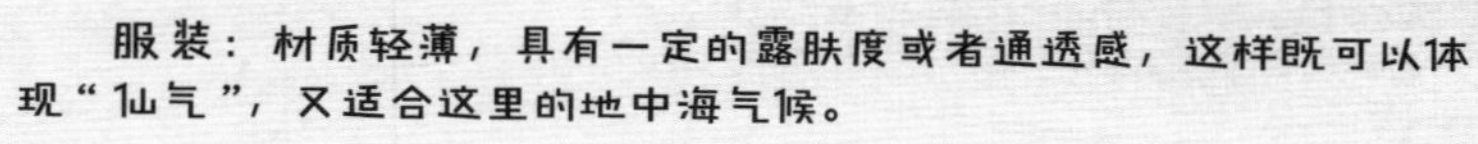

古希腊风格

古希腊的艺术法则在于赞颂人的自然之美，而最完美的服装是要让人难以区分哪里是衣服，哪里是人体。体现一种自然、舒展、流畅的穿衣风格。再加上爱琴海地区温度很高，人们穿着轻薄。有些现代服装吸收了古希腊服装的特点，比如肩部固定，袖筒自然散开；单肩样式，一边肩膀固定，另一边自然垂落露出肩膀；通过砸线体现胸部轮廓等。

帝政风格

帝政风格主要特点是：低领、露肩、窄袖、纯色，总体感觉素雅、飘逸、自然。帝国裙是一种拖地长裙，腰线在胸围以下，裙形纤瘦、随身，比较合体。通常这种裙装都成为了希腊女神的象征。格温妮丝·帕特洛在1998年电影《莎翁情史》中获得奥斯卡最佳女主角时穿的就是这款裙子。最好的搭配是简单的鞋子和简洁的饰品。如果想扮成300年前斯巴达希腊女神的样子，可以搭配一双华丽的凉鞋，头发披在肩后，戴着长耳环。

搭配日记

No.1 轻薄

轻薄的材质、干净的颜色、简洁的款式，再适合雅典不过了。米色、白色，各种大地色系用起来，头发稍作小心思，就非常具有当地特色。

No.2 露肤度

古希腊样式的发型，浪漫又古典，自带女神气质。长裙选择适当露肤度，还可以选择随身型自由摆动的款式，颜色选择白色或裸色最凸显女生气质。这样一身让人目不转睛的衣服也同样适合带去希腊周边的岛屿。

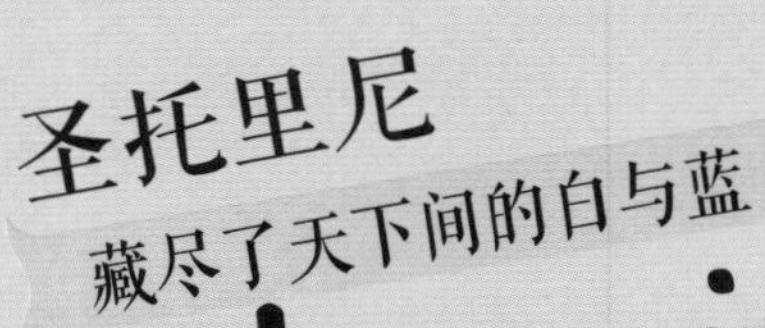

Santorini

圣托里尼、伊亚、米克诺斯岛、帕罗斯……上帝把全天下的白与蓝都给了爱琴海。

白色是温柔的海浪，是远行的船帆，是欢脱的啤酒泡沫，是远远近近的屋舍。

蓝色是浩瀚的天空，是家家户户的门与窗，是高低错落的屋顶，是浓得化不开的爱琴海。所以，来到这里，我们也化作上帝手中的彩笔，让这里的纯粹变得更纯粹，惊艳变得更惊艳。

推荐书籍：

《希腊 & 爱琴海诸岛塞浦路斯》日本大宝石出版社

《爱琴海：沿岸的奇异王国》戴尔・布朗

《圣托里尼岛的黄昏》雨霞

推荐电影：

《安娜的夏天》珍妮・米瑞菲

《牛仔裤的夏天》肯・卡皮斯

《妈妈咪呀》菲利达・劳埃德

《谍影重重5》保罗・格林格拉斯

关键词

No.1 色彩

来了爱琴海，衣服的款式选择简洁的连衣裙就好，但是颜色一定要选择好！白色和蓝色是最基础的，一定也是最和爱琴海的色彩相融合的。另外，三角梅的枚红色、柠檬的黄色、柑橘的橙红色……这些饱和度高，又干净利落的颜色也非常适合在爱琴海穿，拍出的照片一定美美的。

No.2 轻薄的材质

可以随着海风自由舞动的材质非常重要。厚重挺括的材质感觉要把自己紧紧禁锢住了。

重要元素：白色、蓝色、饱和度高的色彩、轻薄材质、适当通透度、适当露肤度、古希腊元素、古希腊发型。

搭配单品：单肩连衣裙、绕颈连衣裙、露肩连衣裙、帝政风连衣裙、罗马鞋、大檐帽、草编帽、墨镜。

搭配日记

No.1 纯色连衣裙

蓝色有设计感的短裙，搭配同色系的大檐帽或者白色大檐帽，配罗马鞋，整体搭配简洁明快。而枚红色、柠檬黄这些艳丽的色彩也很适合圣托里尼。枚红色是三角梅的颜色，选一处布满了三角梅的白色墙壁拍照一定很应景。

No.2 条纹

干净的条纹也是希腊的必备，这次无论是衬衫质地还是雪纺质地，只要它轻薄舒适，就带上它来希腊，抹胸款，再加点荷叶边，浪漫又清新，配上简洁设计的草编包，和这里纯白的背景完美地融合在一起！

No.3 白色长裙

在额头的位置扭两股发辫向后别，其余头发自然散开，这样的发型非常适合希腊。而女神气质的白色长裙也很适合爱琴海白与蓝纯粹的色彩。

London 伦敦

优雅经典的英伦时尚

优雅经典的英伦时尚，与它常年的阴雨绵绵形成有趣对比。最前卫，也最保守；最经典，也最叛逆，在绅士的情怀里夹杂着些许叛逆和乖张。

50'S 迷你英式年代，60'S 摇摆伦敦，70'S 朋克诞生，80'S 西区故事，90'S 待续的英伦篇章……迷你裙、朋克装，伴随着时装史上无数富有创意的时刻，英伦时尚就是前卫的代名词。“传统与反叛”是英伦时尚的真正精神所在。因为英伦风格对时尚界的冲击，1964 年，美国版 VOGUE 主编戴安娜·弗里兰还专门开辟了一个专栏，取名“英伦的侵袭”。

推荐书籍：

《英国文化模式溯源》钱乘旦、陈晓律
《摆渡人》克莱儿·麦克福尔
《傲慢与偏见》简·奥斯汀
《理智与情感》简·奥斯汀
《爱玛》简·奥斯汀

推荐电影：

《傲慢与偏见》乔·赖特
《王牌特工》马修·沃恩
《理智与情感》李安
《唐顿庄园》布莱恩·派西维尔、詹姆斯·斯特朗
《麦昆与我》路易斯·奥斯蒙德
《莫里斯的情人》詹姆斯·伊沃里
《沙漠之花》雪瑞·霍尔曼
《斯图尔特：倒带人生》戴维·阿特伍德
《时空恋旅人》理查德·柯蒂斯
《永生不死：英伦摇滚的沉浮》约翰·道尔
《两小无猜》杨·塞谬尔
《泰坦尼克号》詹姆斯·卡梅隆
《国王的演讲》汤姆·霍珀
《007 之金手指》盖伊·汉弥尔顿
《征服曼哈顿》约翰·麦凯
《席德与南茜》亚历克斯·考克斯
《这就是英格兰》西恩·迈德斯

品牌：Alexander McQueen，vivienne westwood, Burberry
灵感缪斯：福尔摩斯、披头士、英国皇室

风格：英伦风格

英伦风格代表的是一种高品质的面料和剪裁，他稳重、经典、含蓄，就像是一位优雅的绅士，彬彬有礼，低调却有品位。他从不乱穿衣，也不喜欢用夸张的色彩。

重要元素：苏格兰纹、威尔士亲王格纹、毛呢材质、条绒、绅士、经典又叛逆、复古又前卫。

搭配单品：波乐帽、贝雷帽、马甲、皮鞋、马丁靴、剑桥包、格子衬衫、风衣、毛呢大衣、百褶裙、迷你裙、骑装。

风格：英伦学院风

它是独一无二的，它的最大特点就是具有皇家气质。这一风格很明显就是左胸有学院徽章，这个徽章一般都是领主徽章、家族徽章演化或者是由当时的国王所赐。主色调大多是黑色、藏蓝等沉稳的颜色，配色会有酒红色、白色，偶尔会用墨绿色和姜黄色做点缀色。图案多用方格或者条纹，体现了古典、优雅的气质。这类的品牌可以参考 Eland、TeenieWeenie。

搭配单品：皇冠徽章、格纹衬衫、西装外套、领带、领结、马甲、短裙、鸭舌帽、皮鞋、长筒袜、剑桥包。

重要元素：经典、优雅、复古、贵族气质、摩登、毛呢、精纺棉、条绒。

风格：英式摇滚风

用低调的色彩来掩饰内心的反叛精神。绝不向传统妥协，也敢于挑战经典，这也让英伦风格变得多样有趣起来。

搭配单品：格纹衬衫、厚底皮鞋、马丁靴、机车夹克、破洞牛仔、字母T恤。

重要元素：铆钉、皮革、黑色、金属材质。

搭配日记

No.1 英式摇滚风

英式摇滚风并不浮夸或者乖张，追求考究的品质和沉稳的色彩，仿佛是摇滚圈里最有内涵的文艺青年。它可能是全身的黑色，但是用一些金属元素、撞钉、皮革材质来申明自己的主张，彰显叛逆本性。看看 Vivienne Westwood 就知道了，她也是朋克服饰创始人。

No.2 学院风

如果说英式摇滚风是摇滚圈里最有内涵的文艺青年，那英伦学院风就是学校里面最有贵族气质的那一群了。经典的黑色西装外套，标志性的皇冠徽章，仿佛一切都是按部就班的，但用欧根纱的黑色短裙打破这种常规，红色高跟鞋既和领结颜色呼应，又增强了摩登感，仿佛你就是校园里那个对什么都不屑一顾早熟叛逆的女孩儿。

No.3 向福尔摩斯学习

没有想到大名鼎鼎的神探竟然成了我思考英伦风格的灵感缪斯。他衣服的版型和剪裁，常戴的威尔士亲王格纹帽子，都让我觉得是最经典的英伦风尚。所以下图这身搭配特意学习了这位神探的穿衣之道。

No.4 格纹外套 + 贝雷帽 + 长靴

这套的搭配灵感来自于骑装，只是帽子变成了更文艺的贝雷帽，裤子用格纹五分裤和紧身长裤替代，都配了同色系的长筒靴。整体的感觉就是英伦、率性、“攻”气十足。

格纹扫盲

威尔士亲王格纹

Glen Plaid，是出自苏格兰高地格伦欧科镇的羊毛纺织品。19 世纪末，伯爵夫人 Earl of Seafield 把 Glen Plaid 制成外套，给庄园里的管家穿着。后来，这款格纹深得爱德华八世（当时的威尔士亲王，后来的温莎公爵）欢心，才得到了广泛推广和认同，因此也被叫做威尔士亲王格纹。

苏格兰格纹（tartan）

苏格兰格，来自于古法语里的羊毛“tirer”一词，意为“花格绒呢”。最早的 tartan 几乎是自然产物，当时洗染布匹需要植物染料，而各个地区出产的能染色的浆果蔬菜种类不同，导致不同地区格子的颜色大小都不一样。所以 18 世纪早期，人们从对方身上的格纹中读到的信息不是你隶属于哪个家族，而是你生活在哪种作物的产区。

“基尔特”是苏格兰高地人的服装，“kilt”一词来源于古斯堪的纳维亚语，意为折叠包裹身体的衣服。乔治四世曾穿着苏格兰高地礼服“kilt”进行国事访问，而当维多利亚女王访问高地后，她对苏格兰裙和 tartan 的迷恋，让格纹正式迈上了流行之路。

苏格兰纹里面，根据不同的底色和条纹，还细分很多种，感兴趣的话可以查查。

千鸟格

起源于威尔士王子格。最早让千鸟格登上时尚舞台，并坐上了高尚雅致头把交椅的是 Christian Dior，1948 年 Dior 先生将优化组合后的犬牙花纹用在了香水的包装盒上，也给了它一个足以流芳百世的好名字——千鸟格。好莱坞女星 Lauren Bacall（罗琳·白考儿）在电影《The Big Sleep（夜长梦多）》中，以一身黑白千鸟格花纹大衣，配搭一顶黑色画家帽，其帅气形象，至今仍被封为大荧幕最经典的时尚造型之一。

Nova 格纹

博柏利 (Burberry) 米色底红黑格的经典“Nova”格纹，自 1924 年注册为商标沿袭至今。由米色底、红色、骆驼色、黑色和白色组成。原本就已经够“红”的苏格兰格，于 1924 年被 Burberry 创始人 Thomas Burberry 运用于风雨衣中，之后便成为了英国王室的御用品牌。

维希格（Vichy Plaid）

维西格是以双色交错产生，常见白底红色、白底黑色、白底蓝色三种，在二十世纪五六十年代就很流行。因为法国性感小猫碧姬·芭铎的偏爱，让这种印花成为“法式风格”的一部分，在本书法国南部的搭配中就可以看到。

Sicily 西西里岛

西西里的美丽传说

影片里的西西里总是金黄的色调，炽烈却又陈旧，仿佛不曾经历时间的洗礼；现实中的西西里，空气里飘着柑橘和柠檬的甜香，碎语中藏着黑手党的传说，残垣上记载着古希腊古罗马文明。她热情却又难以捉摸，还有你读也读不完的过往和回忆。

来到这里，穿着既要有地中海阳光般的明媚，也要有拜占庭文化的神秘，最好再带些意大利的文艺气息。

推荐书籍：

《西西里岛的守望》亚历山大·巴伦

《西西里：上帝的后花园》沈歆昕

推荐电影：

《西西里的美丽传说》吉赛贝·托纳多雷

《天堂电影院》朱塞佩·托纳多雷

《教父》弗朗西斯·福特·科波拉

《天才瑞普利》安东尼·明格拉

关键词

No.1 复古

西西里总是散发着这种复古文艺的气息。这就需要我们的装扮也或多或少要融入这种氛围中。

No.2 黑色

20 世纪 80 年代后期，意大利流行黑色服装。意大利人认为黑色代表着一种高贵、古典的气质。《西西里的美丽传说》中玛莲娜对其有最好的诠释，黑发黑眼配上黑色的印花裙，神秘又美艳。

No.3 饱和度高的色彩.

这就如同地中海阳光般明媚。

搭配误区

在这里的复古风格，并不是通过墨绿色、绛紫色、棕色，这些常见的打造复古搭配的色彩塑造的，而是服装的版型和单品的样式，而且复古中还要够美艳。

西西里元素：三曲腿图、玫瑰花、牛角护身符、十字架。

重要元素：波点、条纹、贝雷帽、宗教主题、花朵印花、古希腊元素、黑色、蕾丝。

搭配日记

No.1 蕾丝吊带裙

最近吊带睡裙的风靡程度不用多说了，我想你也一定有一件，光是这件单品，性感指数已经达到了喷鼻血级别。这次不搭配T恤或者小西装了，换成半身裙，如果半身裙印花还能刚好是宗教元素或古希腊元素，那简直堪称完美。叠穿后露出上面的蕾丝边和V字领，以及下身的裙摆，搭讪的概率祈祷别太高哦。

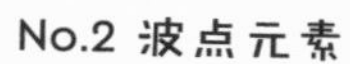

No.2 波点元素

这些波尔卡圆点就像从刚打开的香槟瓶口喷洒出的泡沫般，配合着经典剪裁的连衣裙款式，舞出了20世纪70年代浓郁的复古风。再拿上一款海洋气息的草编包，在洒满阳光的清晨，跑到卡伯集市逛逛，挑些新鲜的柠檬，西西里的度假就这样悠闲地开始了。

No.3 黑色连衣裙

经典款式的包臀连衣裙，和玛莲娜穿得如出一辙，女性最曼妙的曲线就这么漫不经心地显现出来了，美艳、神秘，和西西里岛给人的感觉一样。再搭配一双天鹅绒材质的酒红色高跟鞋，就好像选择了双倍芝士的甜品般，让这种味道更加甜腻。

No.4 蕾丝／镂空／透视

适当的露肤度，在文艺古朴的小镇中，与性感奔放的海洋风情妥协而生，既维持了黑色的高贵庄重，又在时隐时现的肌肤中，低语着情愫与欲望。里面无论配吊带裙、复古胸衣还是比基尼，都是不错的选择。而你穿着这些性感的衣裙游走在西西里，仿佛就是精心地布了一颗禁果，毫不掩饰你的迷人。

第三章 北美洲 North America

如果说欧洲是时尚帝国的Old Money，

那么New Money非北美莫属。

高度发达的经济水平，

让它在时尚界地位不容小觑，

而兼容并蓄的多元文化，

又让它显得更亲民、更包容。

Las Vegas 拉斯维加斯

在这里放牧着人类的欲望

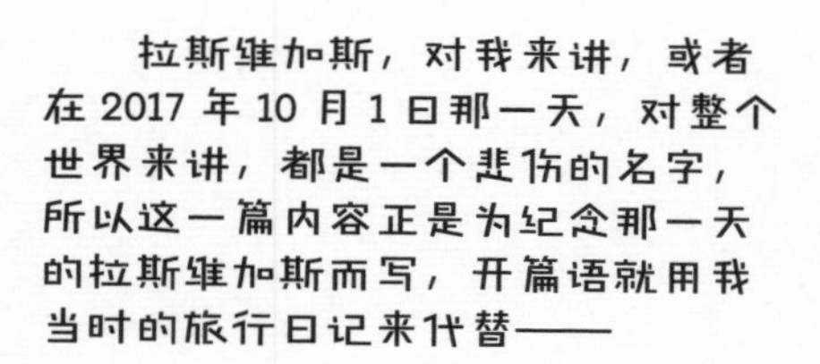

拉斯维加斯，对我来讲，或者在 2017 年 10 月 1 日那一天，对整个世界来讲，都是一个悲伤的名字，所以这一篇内容正是为纪念那一天的拉斯维加斯而写，开篇语就用我当时的旅行日记来代替——

离开拉斯维加斯的第二天，那里发生了美国现代史上死伤人数最多的枪击案，50 余人死亡，500 余人受伤。

Las Vegas 在西班牙语里的意思是“肥沃的青草地”，有种比喻说这里放牧着的就是人类无穷无尽的欲望，而驯养它们的牧羊人又是谁呢？

R. I. P

拉斯维加斯比我想象中的更加疯狂，夜幕降临就自动变成一个巨大的游乐场和狂欢派对，整座城市都弥漫着高浓度的荷尔蒙，是真正的不夜城。路上遇到的每个人都是那么快乐兴奋，每个女人都盛装打扮，深V、短裙、美腿、翘臀，各种肤色、各种身材，连我都有些应接不暇，自然不会有男人不爱这里！

奢华的酒店建筑更是一景，外部恢宏，内部华美。酒店各有主题，巴黎宫的标志性建筑是埃菲尔铁塔和凯旋门，内部装潢是巴黎街景；卢卡索是埃及主题，酒店外形是金字塔和狮身人面像；另外还有自由女神、威尼斯街景……藏在酒店里的着比基尼参加的热辣疯狂的泳池派对，兴奋热烈的钢琴 Battle，脱衣舞女郎的美艳演出，冲击着视觉和想象力美轮美奂的秀，纸醉金迷的通宵赌场……而这一切都像是一个迷魂阵，让你一头扎进去就再也不想出来。

可没有想到，2017 年 10 月 1 日那天，真的就有 50 多个人再也没有出来。这片放牧着人类欲望的天堂，那一刻，就成了魔鬼的狩猎场……几分钟之前还兴奋着舞动着的人们，几分钟之后，伴着哀嚎和恐惧，踩着尸体疯狂逃离……

新闻中反复播放的这一幕，让我一日前属于这里的美妙回忆，一点又一点暗淡下来了……希望拉斯维加斯再没有悲伤。

推荐书籍：

《离开拉斯维加斯》约翰·奥布莱恩

《向拉斯维加斯学习》罗伯特·文丘里

《惧恨拉斯维加斯：一场直捣美国梦的凶蛮之旅》亨特·S. 汤普森

推荐电影：

《决胜 21 点》罗伯特·路克蒂克

《赌城风云》马丁·斯科塞斯

《离开拉斯维加斯》迈克·菲吉斯

《赌王之王》约翰·戴尔

《十一罗汉》史蒂文·索德伯格

《007：大战皇家赌场》马丁·坎贝尔

搭配日记

No.1 小黑裙

小黑裙是每个女人必备的单品，也是来拉斯维加斯必备的单品。它在拉斯维加斯的出场率大概仅次于这里的霓虹灯吧。而这种出镜频率绝对不是没有道理的，它所代表的性感和神秘感，与赌城给人的感觉不谋而合。为了增加趣味性，鞋子和手拿包也是没少花心思。

No.2 BlingBling

什么样的裙装都不可能有blingbling夺人眼球，一件闪光连衣裙足够让你成为焦点，这种元素不仅时尚有范，而且能在视觉上修饰不够完美的身材，觉得太高调？将外套披在肩上增加硬朗度，让你变得可攻可守！

No.3 吸烟装

这个灵感来自于赌场里的荷官。荷官的服装并没有一定之规，抹胸裙、兔女郎装扮也有；衬衫马甲和西服也有。前者把挑逗和性感发挥得淋漓尽致，而后者显得更加正规和高级。黑色或白色吸烟装足够撑起气场，配上高跟鞋和手拿包。今晚，整个赌场的好运都是你的了。

No.4 缎面礼服

如果你入住的是家高级酒店，会去看秀，也准备品尝下米其林大厨的手艺，那准备一件款式简单，却能尽显曼妙身材的缎面礼服裙，绝对是最合适的，可以把你的优雅体现得淋漓尽致。

墨西哥 Mexico

寻梦环游记

遇见墨西哥，或许在混着香辣的龙舌兰、盐巴和柠檬味道的酒杯中，或许在看尽繁荣与消亡的玛雅文明遗址处，亦或许在绚丽、盛大又独具印第安特色的亡灵节狂欢里。这不仅仅是一次旅行中的邂逅，更是关于盛与衰、生与死的领悟与探寻。

今天的墨西哥人仍在饮食、服装等方面保留了印第安人的一部分传统，但生活和文化已经有了明显的西班牙风格。所以服装上穿得艳丽奔放，带些玛雅特色元素，或者用彩绳编个麻花辫，都能让你立刻融入这里。

推荐电影：

《爱情是狗娘》阿莫雷斯·佩洛斯

《巧克力情人》阿方索·阿雷奥

《我们是贵族》加里·阿拉斯瑞奇

《墨西哥往事》罗伯特·罗德里格兹

《日落黄沙》山姆·佩金法

推荐书籍：

《玛雅》乔斯坦·贾德

《墨西哥之梦》勒克莱齐奥

《美洲小宇宙》毕淑敏

《探寻玛雅文明》福斯特

《墨西哥早晨》D.H. 劳伦斯

关键词：印第安元素

印第安纹中多有回纹、曲纹，实际这些都是蛇的化身，由于恐惧，印第安人把美洲最凶猛的两种动物——蛇和美洲豹当做神灵来崇拜。

重要元素：刺绣、编织、花朵、彩虹条纹、草帽、色彩艳丽、回形纹、曲形纹。

搭配日记

No.1 刺绣

墨西哥女性喜欢花朵装饰，喜欢用五颜六色的羊毛线编头发。自己都可以搞定的发型，绝对要试一下。外套选择当地特色的刺绣外衣或玛雅人传统刺绣短上衣，为了增加时尚感，可以搭配牛仔热裤。另外彩虹手绳也是简单又漂亮的饰品。

No.2 披肩

墨西哥人有草帽文化，草帽舞也是墨西哥的国舞。草帽是年轻人传达爱情的信物，所以选顶草帽既遮阳又凹造型，是不错的选择。刺绣花朵的连衣裙也非常符合当地风格，再买一条彩虹披肩，还可以带回家当纪念品。墨西哥人喜欢鲜艳的色彩，据说是和玛雅人的习俗一致的，他们认为鲜艳色彩的衣着可以吓退妖魔，保佑众生平安。

No.3 更时尚

如果不想太具有民族风格，可以选择款式简单的印花单品，既时尚现代又接当地地气，记得不要少了花朵装饰你的头发，选择对比较强的配色，你就像弗里达画中的女孩一样。

No.4 长款披肩

长款披肩可以当做外套，搭在你的连衣裙外面，如果觉得过于肥大，外面搭个腰带就好了。包包选择了手工雕刻的皮革包包，配合墨西哥人热爱手工的习惯。带流苏装饰的彩虹毛线帽也为你的搭配加分。

公路

从全世界路过

Highway

一曲劲爆的音乐、一辆敞篷肌肉车、一条牛仔裤……那是电影中的公路大片，而现实中美国的一号公路、66号公路、澳大利亚的大洋路……这些沿着美景开辟出来的四轮旅途、星罗棋布的汽车旅馆，还有车里面形形色色探寻世界的梦想……都等着你去征服。这里，我们先说说美国一号公路自驾着装。

推荐书籍：

《孤独星球Lonely Planet自驾指南系列》澳大利亚Lonely Planet公司

推荐电影：

《千里走单骑》张艺谋

《无人区》宁浩

《后会无期》韩寒

《心花路放》宁浩

《人在囧途》叶伟民

《德克萨斯，巴黎》维姆·文德斯

《午夜狂奔》马丁·布莱斯特

《加州杀手》多米尼克·塞纳

《天生杀人狂》奥利弗·斯通

《不准掉头》奥利弗·斯通

《沙漠妖姬》斯蒂芬·埃利奥特

《中央车站》沃尔特·塞勒斯

《斯特雷德的故事》大卫·林奇

SUNDOWNER
MOTEL

搭配日记

No.1 T恤

家里的吊带、背心、T恤……这些最基础的单品这次统统用得上，配上破洞仔裤或者背带裤和帆布鞋，就可以出发了。你一定觉得这样太普通，完全没有旅行的感觉，那就要记得把细节的戏做足，比如挽起下摆露出小腹，用剪子裁出毛边效果，配上最火爆的渔网袜，再戴顶棒球帽，系上红色丝巾，一副黑色墨镜，开启狂野之旅。

No.2 西部牛仔

既然是要来一场横穿美国的自驾之旅，上演一部公路大片，那凹个西部造型绝对刚刚好。星条旗印花、西部牛仔常戴的方巾、牛仔裤、工装靴、麂皮夹克、流苏装饰，感觉就只差把佐罗手枪了。

No.3 工装

宽松的工装外套太死板？套上黑色军靴立马变得帅气又干练，简洁的白T恤，搭配牛仔热裤或者牛仔裙和大黄靴，浓烈的美式工装风格，非常适合小麦肤色和运动型女生，如果车坏在半路（我先帮你们呸呸呸），感觉自己就可以把轮胎换了。

No.4 波西米亚

如果觉得自己穿得太 man，那么就把波西米亚风也带到公路来吧！麂皮大檐帽、紧身小吊带、扎染印花、流苏、美式复古靴，给公路加点民族料！

No.5 连身裙

休闲的、狂野的造型都凹过了，我们就来个性感的，连衣裙配皮靴或者帆布鞋，裙装也能穿出硬朗的感觉，如果觉得火候还不够，配上一些夸张的饰品和金属纹身贴。是的，我只想到了《变形金刚》里性感火辣的梅根 · 福克斯。

第四章 非洲 Africa

广袤神秘的非洲大地，

拥有最纯粹的自然馈赠，

所以在服装的色彩、图案和材质上

都要体现出与大自然和当地文化习俗的呼应，

不用刻意为之，只要尽情释放。

摩洛哥
行“色”匆匆
Morocco

每想你一次，天上飘落一粒沙，从此形成了撒哈拉。
——三毛《撒哈拉的故事》

摩洛哥美得太过疯狂，以至于我有些恍惚，自己明明是从三毛的撒哈拉的故事中而来，是如何不小心掉入了这个神灯里的平行世界，又闯进了一千零一夜的奇幻梦境的呢？

推荐电影：

《卡萨布兰卡》迈克尔·柯蒂斯

《遮蔽的天空》贝纳尔多·贝托鲁奇

《北非情人》基利士·麦根诺

推荐书籍：

《撒哈拉的故事》三毛

《禁苑·梦》法蒂玛·梅尔尼斯

《遮蔽的天空》保罗·鲍尔斯

《哈里发的神殿——卡萨布兰卡的365天》塔希尔·沙阿

搭配日记

No.1 摩洛哥长袍

齐脚连帽的摩洛哥长袍，是阿拉伯长袍中的一种，源自柏柏尔人的传统常服。既能遮阳、御寒，还可以防沙，更重要的是能凹出别样的异域风情造型。如果是想在沙漠中穿，推荐宝蓝色和大红色，在金色的沙漠、蓝色的天空下，一定美得让人唏嘘。

No.2 头巾+印花

头巾的搭配灵感来自于阿拉伯服饰，不仅体现浓郁的当地风情，还增加了搭配的时尚感。图案上，印花图案可以为民族风格加分；色彩上，黄色和宝蓝色是最适合，也能更好地呼应摩洛哥当地的色彩。

No.3 卡夫坦长衫

卡夫坦长衫，既有神秘浪漫的东方风情，又能穿出慵懒飘逸的度假感。可以搭配头巾、大檐帽、墨镜和夸张配饰。再搭配一双从马拉喀什集市上淘回来的羊皮尖头鞋，绝对是满分造型。

No.4 黄色和蓝色

大家都说摩洛哥是个“好色”的国家，绚烂耀眼的色彩在这个国家弥漫着，所以穿对了色彩，也就融入了当地。我觉得最适合这里的服饰颜色是蓝色和黄色。前者是伊斯兰教的静谧和圣洁，是地中海的澄澈，后者是撒哈拉的广袤深沉，是城垣上的砖墙，是浓郁的香料气息。

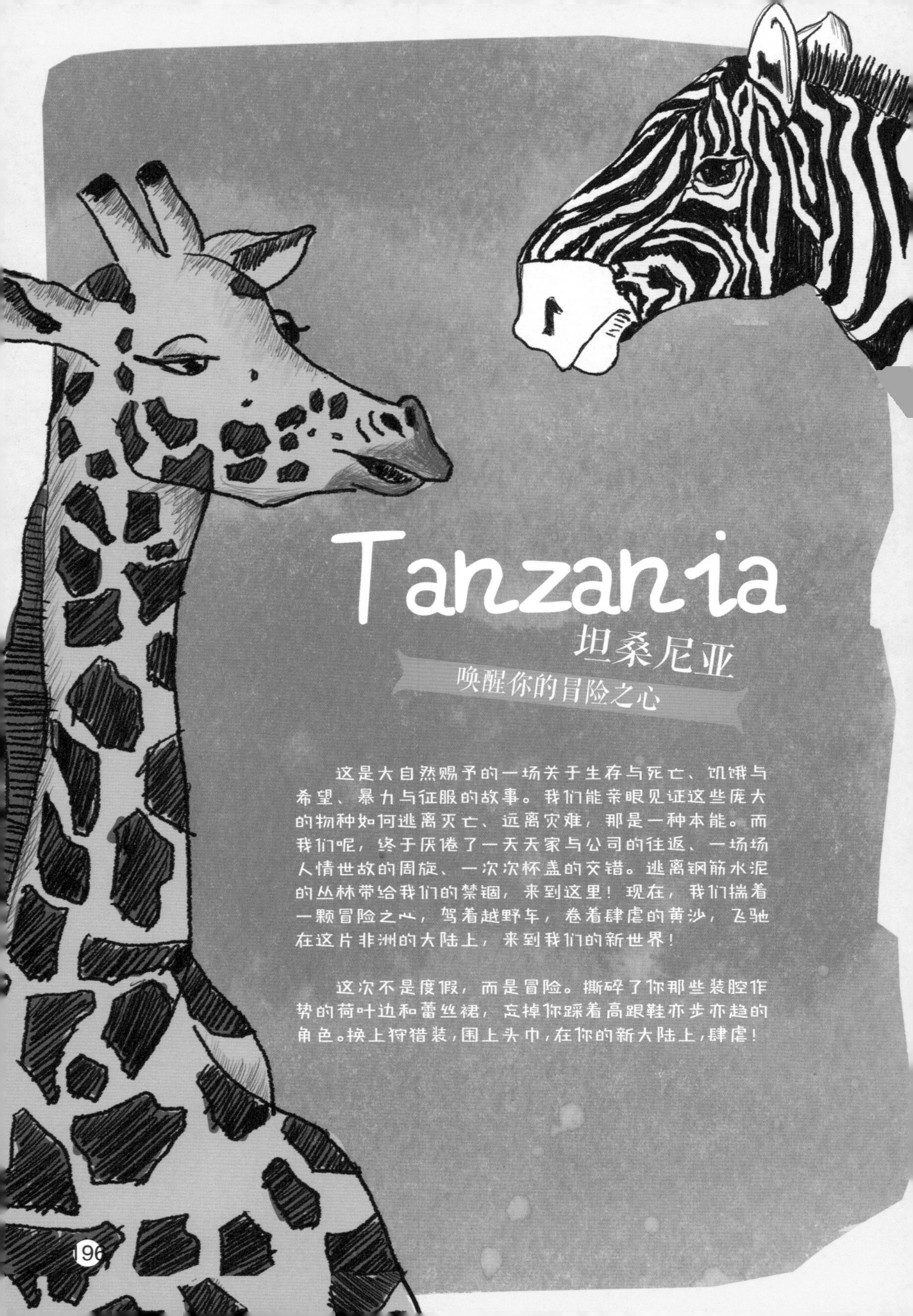

Tanzania

坦桑尼亚

唤醒你的冒险之心

这是大自然赐予的一场关于生存与死亡、饥饿与希望、暴力与征服的故事。我们能亲眼见证这些庞大的物种如何逃离灭亡、远离灾难，那是一种本能。而我们呢，终于厌倦了一天天家与公司的往返、一场场人情世故的周旋、一次次杯盏的交错。逃离钢筋水泥的丛林带给我们的禁锢，来到这里！现在，我们揣着一颗冒险之心，驾着越野车，卷着肆虐的黄沙，飞驰在这片非洲的大陆上，来到我们的新世界！

这次不是度假，而是冒险。撕碎了你那些装腔作势的荷叶边和蕾丝裙，忘掉你踩着高跟鞋亦步亦趋的角色。换上狩猎装，围上头巾，在你的新大陆上，肆虐！

推荐书籍：
《美国国家地理——动物大迁徙》K.M.科斯蒂尔
《中国国家地理——大迁徙：地球上最伟大的生命旅程》霍尔

推荐电影：
《白狮》麦克尔·斯旺
《非洲猎豹》邓肯·麦克拉克伦
《东非野生动物大迁徙》中国中央电视台
《最后的狮子》德里克托马斯
《可爱的动物》加美·尤伊斯

关键词

No.1 探险精神

没有探险精神的姑娘都会跑去热带的岛屿晒太阳，既然选择了非洲大陆来看动物大迁徙，那你就是那个渴望挑战和冒险的女生。所以把你的印花裙、荷叶边统统撕碎吧，换上这一身，开始探险。

No.2 野性

这次的搭配灵感来源于非洲大陆，是自然的选择，藏着最原始的审美情趣。

No.3 保护色

保护色自带一种男性荷尔蒙气质，所以换上了保护色的你，立刻从萌妹子变成了女汉子。恭喜你，来到非洲！

风格：Safari

Safari，最初源自非洲的斯瓦西里语，是阿拉伯语“旅行”的意思，后来逐渐演变成探险和狩猎的意思。猎户装剪裁贴身收腰，方便行动，前襟有四个口袋。颜色多选用卡其色、橄榄色、军绿色等保护色。如果没有专门的猎户装，又想打造 Safari 风格，也不是难事，用男士的白衬衫或者自己的衬衫裙，中间系上皮革质感的腰带，搭配短靴和遮阳帽，也能即刻变身英气逼人的女猎手！尤其在雌雄难辨的着装趋势下，猎户装体现的中性气息，能让你的搭配显得更加时髦。

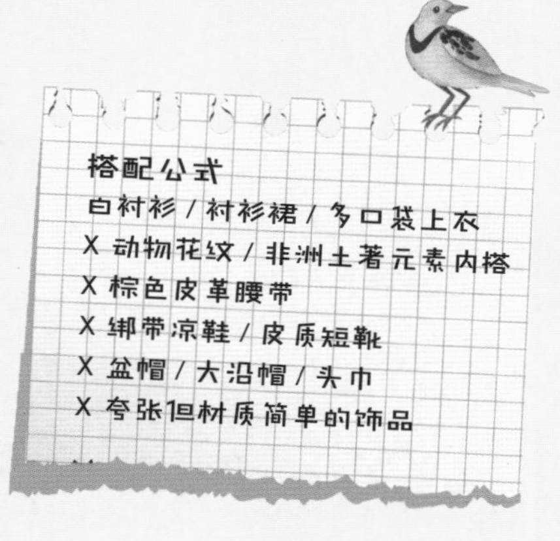

搭配公式

白衬衫 / 衬衫裙 / 多口袋上衣
X 动物花纹 / 非洲土著元素内搭
X 棕色皮革腰带
X 绑带凉鞋 / 皮质短靴
X 盆帽 / 大沿帽 / 头巾
X 夸张但材质简单的饰品

重要元素：非洲土著元素、猎户装、动物花纹、白衬衫、橄榄绿、军绿、卡其色、棕色、皮革材质、短靴、头巾、夸张配饰。

搭配日记

No.1 衬衫裙

衬衫裙可能之前被你带去过海边或是办公室，还有相亲的饭桌，它怎么也想不到有一天会跟着你来到非洲的大陆上看猎豹。但你给它配了一条粗犷的皮质宽腰带，把曾经的慵懒随性一下变得干练强势起来了。所以，这一趟，你们绝不是度假，而是开始了一场刺激的丛林大冒险。

No.2 狩猎装

经典的狩猎装造型是我的最爱，搭配干练的头巾，轻而易举就解除了被姑娘们封印在心底的野性与勇猛。现在，你逃出了写字楼的禁锢，终于在这片最原始的土地上，找到了蛮荒时代的自己。这种野营装让人想到电影《夺宝奇兵》骁勇的女探险家！

No.3 野性

动物们都有大自然赋予的图案和色彩，想化身为草原一角，又要体现热辣性感，那就穿着和动物们一样图案的衣服，露出香肩和美腿！搭配豹纹或蛇纹这种复杂图案时要小心，让其他单品尽量简单哦！

No.4 皮革

没有经典的狩猎装，也依然可以搭配出丛林探险的风格。譬如一件棕色的皮衣、同色系的长裙、皮革质地绑带凉鞋。总之，那些风格男性化，且是保护色的单品们，在这里都可以大派用场。

第五章

大洋洲

Oceania

大洋洲既充满了自然的气息与野性，

又传承了欧洲的时尚与品味，

所以既要穿得优雅，又要慵懒随性，

既要极致得都市化，又要尽情地彰显自由主张。

Sydney
Melbourne

Welcome !!

悉尼、墨尔本

南有佳人，在水一方

澳大利亚在上着两种不同节奏的发条，一边是紧凑忙碌都市生活的快节奏，一边是悠然惬意金沙碧浪的慢节奏。

美国作家马克·吐温在游历澳大利亚时写道：“悉尼像一个穿着美国服装的英国姑娘”。而我觉得自由洒脱又热情洋溢，是对这里穿搭最好的形容。推荐时尚博主 Elle-May Leckenby 给大家，博客中的穿搭风格和照片都充满了浓浓的南半球气息。

推荐书籍：
《孤独星球 Lonely Planet 自驾指南系列：澳大利亚自驾》
《澳大利亚简史》罗伯特·莫瑞
《荆棘鸟》考琳·麦卡洛
《微笑依然》琼·达领·霍特金斯

推荐电影：
《裁缝》乔斯林·穆尔豪斯
《了不起的盖茨比》巴兹·鲁赫曼
《悬崖下的野餐》彼得·威尔
《澳洲乱世情》巴兹·鲁赫曼
《双手》格雷格·乔丹
《卫星男孩》卡特里奥·娜麦肯奇
《意》托尼·艾尔斯

关键词

No.1 露肤度

适当的露肤度非常适合有美丽海岸线的澳大利亚，既符合当地炎热的气候，又符合轻松的度假气氛。

No.2 色彩艳丽

鲜艳的颜色才配得上南半球拼尽全力、努力绽开的阳光。同时白色、黑色、橄榄色、大地色也同样可以穿出澳大利亚自然的感觉。

No.3 浪漫又带些小野性

不管是在歌剧院旁喝咖啡，还是躺在墨尔本的沙滩烤太阳，亦或是驰骋在大洋路上吹海风，浪漫又野性的风格都刚刚好。

No.4 自由随性

不要选择挺括硬朗的材质，随意舞动的衣襟、凌乱性感的发型，这才是澳大利亚的气质，因为没有什么能约束你自由自在的心。

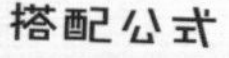

搭配公式

大檐帽

X 印花连衣裙 /V 领连衣裙 / 镂空连衣裙

X 极简上衣 / 阔腿裤 / 一字肩

X 流苏短靴 / 麂皮短靴 / 绑带凉鞋 / 板鞋 / 帆布鞋 / 穆勒鞋

X 睡不醒发型

重要元素：流苏、短靴、长裙、雪纺、蕾丝、镂空、印花、大檐帽、大裙摆、大自然元素。

搭配单品：飘逸浪漫的印花雪纺连衣裙、硬朗挺阔的简洁款式连衣裙。

风格：欧美风格 X 波西米亚风格 X 公路风格

澳大利亚所体现的文化是多元的、互相融合的。这片土地曾闯入过英国的殖民者，接待过流浪的吉普赛人，吸引过来自欧洲、美洲、亚洲的淘金者……多元的文化让它的服装风格更自由、更混搭，而它广袤的自然风光，又让一些公路风格、Safari 风格搭配丝毫不违和。

搭配日记

No.1 印花裙

波西米亚风格的的印花长裙与澳洲的气候和地理环境非常相配，为了增加一些野性，搭配了短靴和流苏材质的背包。既要体现女性的浪漫柔美，又要体现自由不羁的生活态度。

No.2 镂空

无论是白色镂空连衣裙还是立体花朵装饰，都能穿出自然的气息，还有都市的时髦感。配双绑带凉鞋或穆勒拖鞋，增加点小野性，也让整体搭配多一些硬朗气质。发型也选择这种随性又浪漫的“睡不醒”头，在黄金海岸享受慵懒的一天吧！

透明坡跟鞋可以在视觉上
拉伸腿部！穿上一秒 get 大长腿！

No.3 深 V

温和的裸粉色、性感的深 V 领口、剪裁简洁的一体式连衣裙，既体现了澳大利亚女孩自由洒脱的性格，又符合这里热情洋溢的气氛。材质选择雪纺或缎面，增加肤质光感度，再搭配同色系的高跟鞋和包包，起到提亮的效果，大爱这个配色。

No.4 极简风格

选择阔腿牛仔裤，搭配有设计感的上衣，可以选择条纹或纯色，既要简洁休闲，又要时髦。再配双舒适的白色帆布鞋，从悉尼歌剧院一路逛到达令港，累了就跑到鱼市场饱餐一顿，这回轻轻松松可以用脚步来丈量世界了。

第六章

南极洲

这里的着装更多考虑的是功能层面，

而非审美层面，

能让你在极寒之地舒适、安全的服装就是最好的选择。

你心中的时尚猛兽，

可以等途径南美洲时再自由放逐。

南极洲
Antarctica
燃！世界尽头的极寒之地

当星际旅行还没有提上日程，大概南极洲就成了心中最遥远的目的地。这里虽然没有“生活”，却是最向往的“别处”。这片极寒之地不知点燃了多少人心中的热火，到世界尽头去，寻找未知。

每个篇章，我都在极尽可能地去勾画最美的身影，终于在这里要停下痴念，写个舒服实用的方案了。毕竟我们要带着探险家的梦踏上征程，要想让自己彻底沉浸在这片白色荒漠中，而无后顾之忧，这次要说的就不是着装，而是装备了。

推荐电影/纪录片：

《南极大冒险》弗兰克·马歇尔

《南极日记》林弼成

《意志的考验》尔斯·斯特里奇

《筑梦南极》

《帝企鹅日记》

《国家地理：南极冰原》

推荐书籍：

《南极无新闻》周国平

《700 天极地生还：沙克尔顿南极探险实录》

《美丽的地球：南极洲》

关键词

No.1 保暖

一般的南极旅行都会选择11月到次年3月，也就是南极的暖季，白天的温度和北京的冬天差不多，但是做好保暖也是非常必要的。

No.2 防潮防水

冰雪之地，衣服和鞋都很容易受潮或被打湿，所以很多单品都要选择防水的，比如冲锋衣、防水裤、防水胶鞋。

No.3 防风

这绝不是一次舒适的度假，而是一场充满挑战的探险。极地的风很大，所以衣服面料密度要高，还要有涂层或者贴膜处理。

No.4 舒适度

千万别为了保暖就穿太多层，以至于不透气还行动不便。

必备单品

极地派克大衣

由于登陆都是乘坐橡皮艇，而且需要从海边走上岸，所以带一件防水大衣非常重要。为了安全考虑，最好是比较显眼的颜色（红色为主）。注意了，一些邮轮会免费向乘客发放一件大衣，乘客下船时可以带着回家。

防水户外裤

在最外面穿上防水户外裤，最好选择高质量滑雪裤。

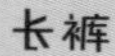

长裤

在保暖裤外套上羊毛裤或灯芯绒裤，这样更保暖。最好带两条或以上。

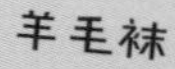

保暖袜

在南极，你需要穿两双袜子。最里面穿上保暖袜。带两双。

羊毛袜

选择厚厚的长袜，穿在保暖袜外面。带两双。

偏光太阳镜

南极洲的冰雪比较耀眼，紫外线比较强烈，因此需要一副比较大的偏光太阳镜，用于阻挡紫外线，保护眼睛。

冬帽

选择可以下拉盖住耳朵的羊毛或绒毛滑雪帽，或者携带猎人冬天用的遮耳帽。另外，备上一个平沿棒球帽，用于在甲板上烧烤时遮住脸部。

羊毛衫或抓绒卫衣

带上高领毛衣或是有围脖的水手领毛衣（到时你会发现围脖比围巾实用多了）。在极端寒冷的天气里，最好在毛衣里面穿一件无袖薄毛衣，这样更保暖。

防寒手套

最好携带滑雪用手套。重要的是手套必须制作精良，防水外层。另外，再带一双普通的保暖手套，在邮轮上使用，同时也可当做备用手套（万一另一双浸湿）。

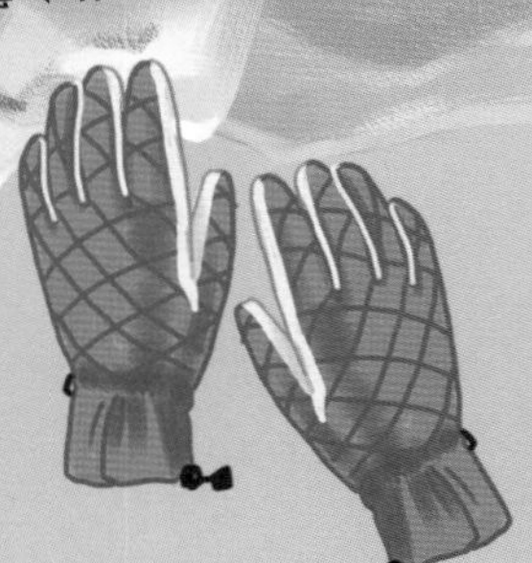

泳装

如果你计划在梦幻岛的暖水区或邮轮上的游泳池游泳，带上你的泳衣。

橡胶冬靴

首推及膝高筒靴，因为需要登岸，对参加南极旅行的游客来说是必不可少的。大部分南极邮轮都会在巡航期间向乘客提供一双长筒雨靴。

Tips: 由于到南极前一站，一般会在阿根廷的布宜诺斯艾利斯停留旅行，然后从阿根廷的乌斯怀亚出发，因此如果在春节左右出发去南极，还要准备上清凉的，适合南美洲的夏装。

第七章
其他
Others

海岛是上帝给人类创造的梦幻之地，

而迪士尼是人类自己创造的梦幻之地。

这两个地方的着装虽然迥然不同，

但都是最自由、无拘束的。

一个张扬着性感，一个释放着童心。

Island 海岛

那年夏天，宁静的海

我们生活在内陆，却拼了所有闲暇的时光想挥霍在海岛上，一半是炽烈的阳光、潮湿温热的空气、海浪簇拥着泡沫挤在沙滩上、满街市行走的比基尼和花朵裙摆、撩拨味蕾的龙虾和牡蛎；一半是透亮的海水、细腻的白沙、夕阳下幸福的剪影和月光中蓝调的夜空。热情和静谧，一起灌入那些星星点点的海岛里，仿佛调了一杯最醉人的酒，一饮而尽，即刻就升腾起了愉悦和兴奋。如果说这个星球哪里最接近想象中天堂的模样，我觉得那就是海岛了。

推荐书籍：

《岛屿书》朱迪丝·莎兰斯基

《西太平洋上的航海者》马林诺夫斯基

推荐电影：

《碧海蓝天》吕克·贝松

《亚特兰蒂斯》吕克·贝松

《海滩》丹尼·鲍尔

《海上钢琴师》朱塞佩·多纳托雷

《那年夏天宁静的海》北野武

《深海异形》詹姆斯·卡梅隆

《海底两万里》理查德·弗莱彻

《妈妈咪呀！》菲利达·劳埃德

《楚门的世界》彼得·威尔

重要元素：海洋元素、热带元素、镂空、印花、露肤度。
搭配单品：比基尼、印花长裙、胸衣、头巾镂空罩衫、阔腿裤、墨镜、遮阳帽、人字拖、男友衬衫、连衣裙。

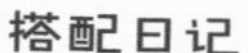

如果说海岛度假中最百搭、最实用的单品，那一定是比基尼。

No.1 比基尼 & 深 V 长裙

带一条 V 领长裙，既可以当做外套，也可以当做比基尼的罩衫，脱掉长裙下海，穿上长裙上岸。

No.2 比基尼 & 透视衫

所有有一定透视度的外套都可以带到海岛来，在城市中千方百计想着里面搭配什么既好看，又不会被当做暴露狂的小烦恼，在这里完全不会有，里面就穿上比基尼吧。

No. 3 比基尼 & 男友衬衫

如果问男生觉得女生穿什么最性感，估计 10 个人里面有 5 个的答案都是“自己的衬衫”，这么男性化的单品，穿在女生身上，因为充满了想象力，所以总觉得性感又随意，在海岛穿也刚刚好。

No.4 阔腿裤

硬朗帅气的阔腿裤也很适合这里，但是要选择柔软舒适的材质，过于挺括死板的材质不适合如此洒脱的热带氛围。

No.5 比基尼 & 睡衣外套

近几年大火的睡衣们，是各路时尚达人们的新宠，为了赶上这趟时髦，带上一件睡衣来海边搭配你的比基尼，也很有新意。边长在 90~130 厘米的中大号丝巾可以帮你瞬间变幻出丰富造型，在海边更能大显身手。

No.6 比基尼 &T 恤

复古高腰的比基尼短裤搭配一件简单的T恤，充满了少女感和活力。如果觉得T恤太长，可以挽起来，适当露出小腹，增强运动感。这样的穿搭感觉分分钟就可以拿起冲浪板去乘风破浪了。

No.7 比基尼 & 流苏镂空上衣

白色棉质的镂空罩衫也非常适合搭在比基尼外面，避免单独穿比基尼时觉得过于暴露带来的尴尬，很适合和新交往的男朋友度假时穿，保留了神秘感和矜持。

No.8 比基尼 & 牛仔热裤

如果你更喜欢率性的风格，那选择一件牛仔热裤或者背带裤也是不错的，让你在满眼的印花裙摆中特立独行。

No.9 比基尼 & 半身裙

那些最性感、最特别的长裙们，都可以跟着你一溜烟地跑到海边了，再也不用担心找不到和它搭调的上衣，因为比基尼和它怎么看都很配。

No.10 胸衣

练了一年马甲线的你，恐怕最爱的单品就是胸衣了，各种场合都适用，还能露出好身材，记得来海岛，带一件热带风情印花的胸衣，才最搭调哦。

No.11 连衣裙

除了太过于一板一眼的连衣裙，大部分连衣裙在海岛都是常客。纯色或者印花都可以选择，款式上只要是凉快清爽，通通都带上！

No.1 巧变半身裙
②
①
③
④

No.2 露背上衣
①
②
③
④

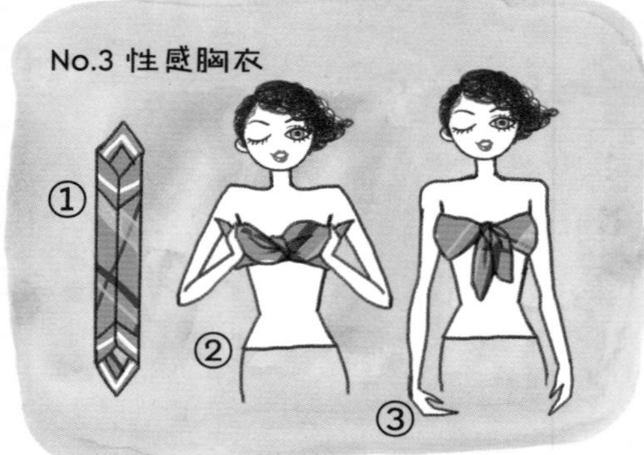
No.3 性感胸衣
①
②
③

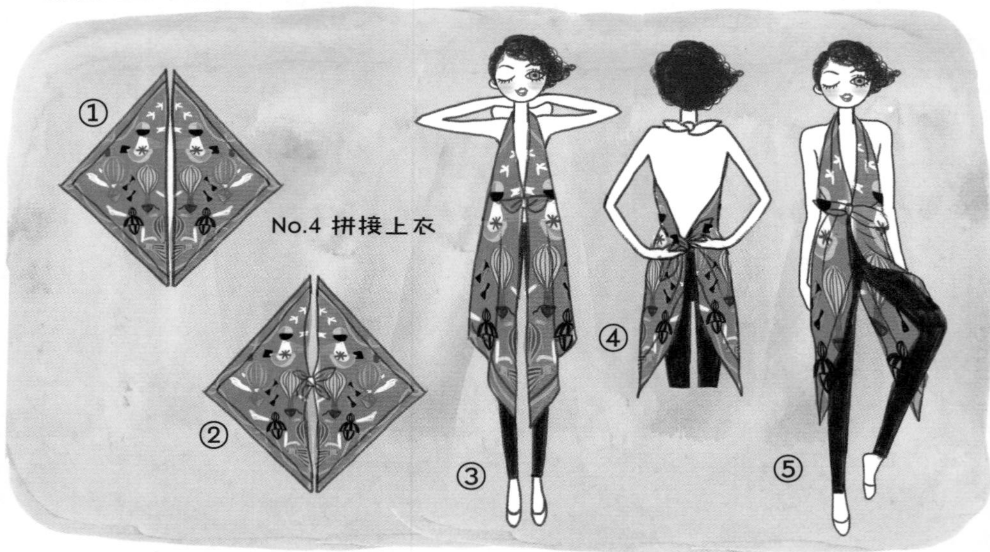
①
No.4 拼接上衣
②
③
④
⑤

比基尼款式 & 风格

标准的复古式比基尼，1/2 带钢托胸衣，丰满的女孩穿，一定会让男友喷鼻血，而 A 或者 B 罩杯的姑娘，虽然不能穿出傲人事业线，但也能打造挺拔身子。另外连体款式可以遮住腰部赘肉。

复古胸衣样式，时髦感爆棚，适合梦露那样大胸蜂腰的姑娘。只是高腰五角底裤腿粗的女孩慎入哦。

别觉得它样式保守、毫无新意，深 V 的设计绝对是大大的心机所在。

两种穿法哦，胳膊可以放在荷叶边外，也可以放荷叶边里面。当荷叶边在外时可以帮助遮挡手臂上的拜拜肉，大臂粗壮、胸小的姑娘们，这是你的救星。

荷叶边的心机不仅是增加甜美度，也是为了掩盖小胸烦恼，亚洲的女孩很喜欢的款式，缺点是过于保守。

单肩设计让你更加个性俏皮。

流苏设计，给你的比基尼加点野性，也有掩盖"飞机场"的作用。

斜肩不规则挖腰连体式，时尚度满分，视觉重点在腰部，适合腰部纤细、胸小的女孩。

传统背心式 X 小挖腰 X 高衩底裤，隐藏赘肉又保持时尚度。

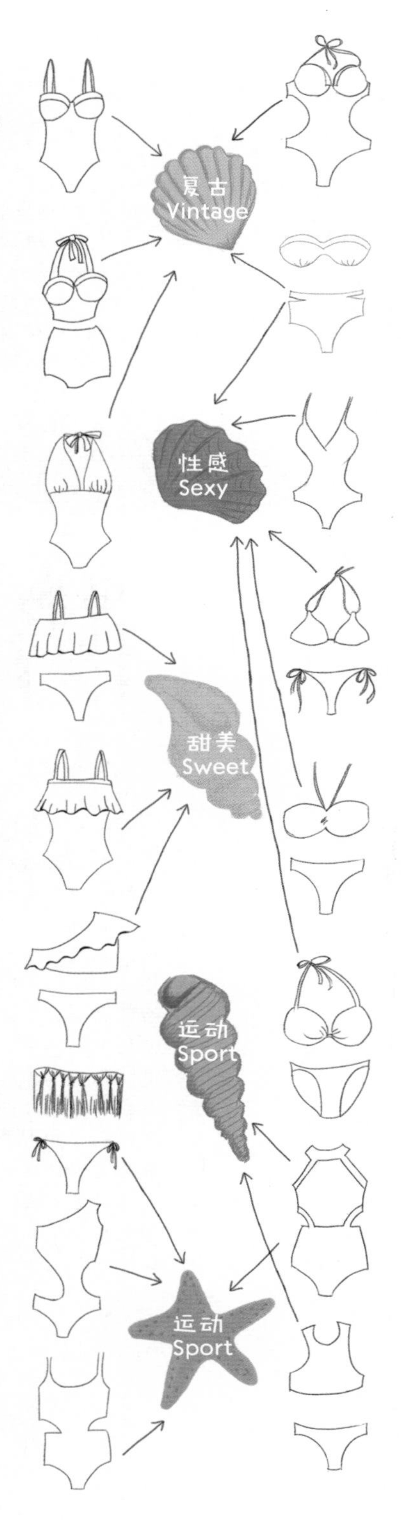

挖腰设计，可以遮住小肚腩，增加时尚度。高衩三角裤，性感显翘臀，拉长腿部比例，绝对是值得手动点赞的款式。

依旧是 1/2 罩杯，简单更性感，也对着装者要求更高。另外下海的话要小心哦。

深 V 设计适合大胸女孩，挖腰设计，可以视觉上出现纤腰效果，是一件让人喷鼻血的比基尼。

三角形比基尼，简洁、时尚、健康，如果 E cup 女孩穿可能会过于夸张，但小胸女孩却很合适。

简洁的绕颈比基尼，适合胸部丰满的姑娘。

传统的比基尼样式，有钢托、有胸垫，各种身材的姑娘都适合，尤其推荐给小胸妹子。

小高领肩部内挖的背心式比基尼，上半身骨感的姑娘更合适。手臂粗壮的姑娘，尝试起来只会放大缺点。小挖腰增加时髦指数。

传统背心式 X 小挖腰 X 高衩底裤，隐藏赘肉又保持时尚度。

如何挑选比基尼

No.1 身材类型 & 适合的比基尼

扬长避短，对自己身体哪个部位不满意，都可以找到对应之策。

观察自己的身材：
肩、胸、腰、臀、大腿中部，各取最宽的两个点，一共十个点，所组成的图形，最接近下面哪个图形，你就属于哪类身材，在选择比基尼时就要尽量扬长避短。

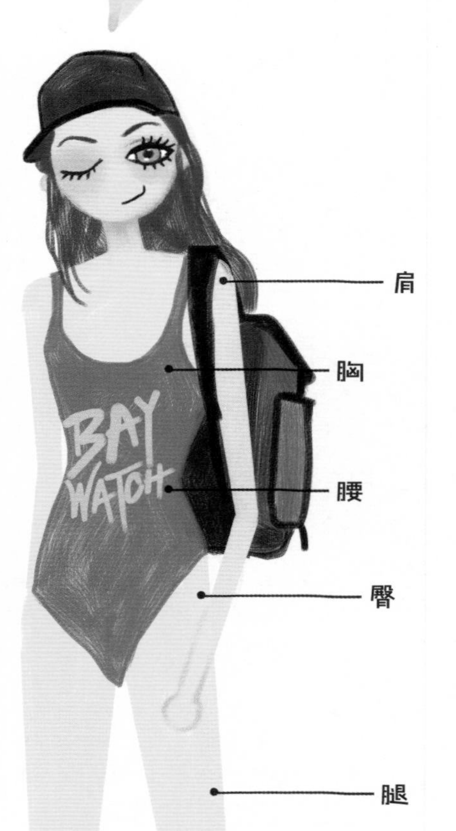

苹果型身材

高腰的五角裤比基尼，可以遮住恼人的小肚腩，改变身材比例；连体式复古泳衣也是时髦又机智的选择。另外，不同印花的走向也可以在视觉上打造出窈窕的腰部曲线。

梨型身材

不够完美的腿部总让你在尝试比基尼时想遮遮掩掩，但是千万别因此选择裙式比基尼或者平角裤、五角裤，那样会让你的腿部在视觉上又短了一截。最聪明的做法是大胆挑战高衩三角形底裤，拉长腿部线条，起到最佳修饰效果。

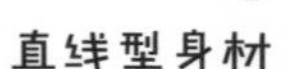

直线型身材

直线型身材在选择比基尼时的终极目标，就是塑造完美的大大大S曲线。所以选择时髦的挖腰样式的比基尼，让你一秒钟营造窈窕身姿。而让胸部更丰满的秘密就是选择带钢托和杯垫的3/4罩杯Bra，另外宽肩带的支撑力更强，颈后系带聚拢效果更明显，若还嫌不够，那就再悄悄加一副硅胶垫吧。

沙漏型身材

小心尝试背心式比基尼，尤其是明显的挖肩效果，会让你显得更加膀大腰圆。但纤细的腹部不露出来就太可惜了，所以挖腰的设计可以完美展现你的身材优势。

No.2 Bra 的选择

3/4 罩杯

最具有支撑力与聚拢效果的款式，在海边想不露声色尽显完美事业线，这绝对是不二选择，并且适合任何cup。不过这也是比较常见的比基尼样式，选择它虽然不会出错，但也会略显乏味。

1/2 罩杯

复古风的大爱，会让人联想到梦露女神。有很好的支撑力，但是聚拢效果显然和3/4罩杯不能比，不适合外扩胸型的女孩。胸部丰满的姑娘可以入手，瞬间变身性感辣妹。

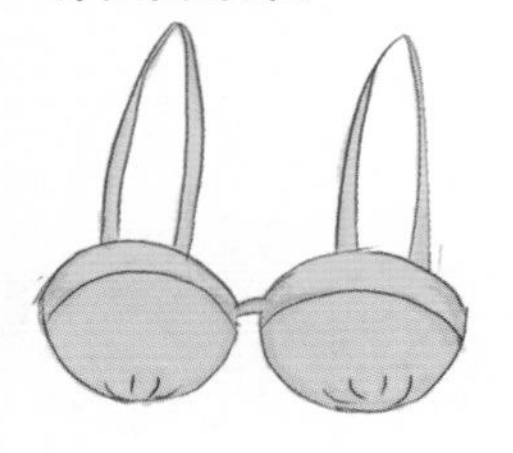

三角形

很适合小胸女孩，选择这款就要忘记“波涛汹涌”，因为它既不提拉，也不聚拢，还不适合加杯垫和硅胶帖。但它崇尚轻松自然无拘束的风格，能营造出极简的时髦感。

背心式

自带冲浪即视感，充满了动能和活力，近几年开始流行挖肩样式。但是肩膀宽大的女生不适合。所以别看模特效果好就入手，小心自己变成失败的买家秀。

装饰型

胸前会加荷叶边或者流苏，来掩盖“飞机场”尴尬。荷叶边显甜美，但是也可能会造成繁琐又土气的形象，而流苏则显得野性和时尚。

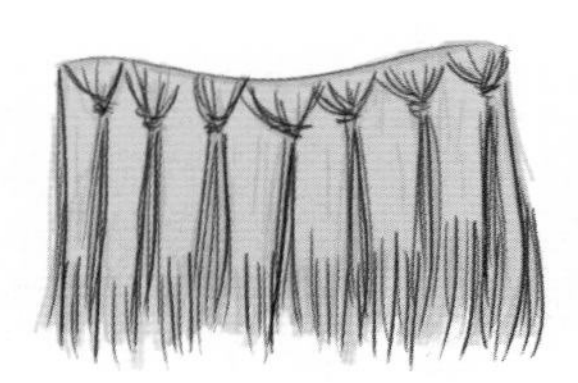

No.3 底裤的选择

普通三角裤

最传统的样式，也是最不会出错的，适合所有臀型和腿形。

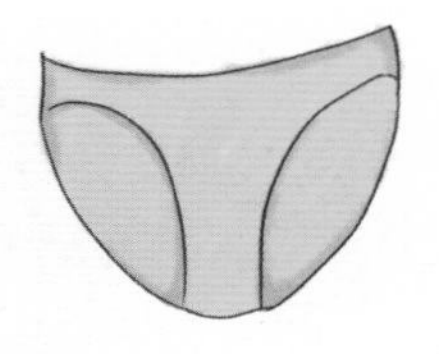

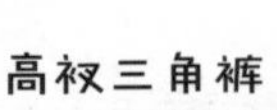

高衩三角裤

底裤的两边开到胯骨上部，（小心过于夸张，把性感演绎成色情），这样视觉上让双腿更加修长。粗腿的女孩可以试试看哦。

五角裤

有复古味道的高腰五角裤，搭配复古式的上衣非常完美。但是腿部不够纤细的话，尝试了会后悔的。

裙式

别以为遮盖得越多就会显得腿越细，恰恰相反，它会从视觉上把你的腿部变短，所以粗腿姑娘请绕行。

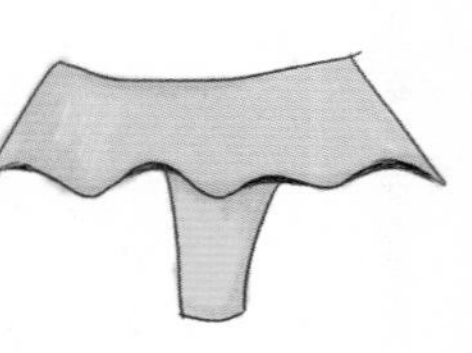

迪士尼 Disney

筑梦大师的童话乐园

迪士尼就像是一场奇幻梦境，当你走进去时，这场梦就悄然开始了。你会跟着小飞侠飞过伦敦街头，直抵梦幻岛；也会坐着探险船开始一次难忘的丛林奇遇；还会在魔法森林里与恶毒的皇后斗智斗勇……曾经被你藏起的童趣和少女心，就这样挣脱了封印，欢脱脱地跑出来了。

书就不推荐啦，
小时候你们都读过。

推荐电影：
《加勒比海盗》戈尔·维宾斯基
《爱丽丝梦游仙境》蒂姆·波顿
《冰雪奇缘》克里斯·巴克、珍妮弗·李
《神偷奶爸》克里斯·雷诺德、皮埃尔·科芬
《怪兽电力公司》彼特·道格特、大卫·斯沃曼、李·昂克里奇
《玩具总动员》约翰·拉塞特
《怪物史瑞克》安德鲁·亚当森等
《星际宝贝史迪奇》托尼·克莱格、罗伯特·甘纳威
《灰姑娘》肯尼思·布拉纳
《睡美人》朱莉娅·李

Disney Style !!

关键词
米奇、米妮、唐纳德、怪物公司、迪士尼公主、疯狂动物城等所有迪士尼人物。

重要元素：米奇裙子的波点、像米奇耳朵一般的发髻或墨镜、礼品店里的头饰、迪士尼公主们服装的简化版（搭配日记里可以看到）……总而言之，迪士尼周边都可以。

ATTENTION !!

搭配误区

想融入迪士尼的环境，一种是 cosplay，这种只要自己制作或者购买全套装备，完全复刻人物形象即可，属于 coser 的强项。而我这里介绍的属于第二种，适用于大部分人群，即用极简基础款突出人物特点，搭配出童话风格，所以大家不要搞混了哦。

搭配日记

No.1 人鱼公主篇

紫色和绿色的搭配，我们在现实生活中尝试得并不多，但是爱冒险的 Ariel 公主却做了完美的示范。

保持一定露肤度的紫色胸衣
X 粉绿色鱼尾裙
X 枚红色尖头跟鞋
X 枚红色人鱼公主手包
X 海洋元素配饰

这样的搭配使走在迪士尼乐园里的你优雅出众。为了增加童趣，并且更突出模仿的形象，搭配个人鱼公主的手包也很不错哦。

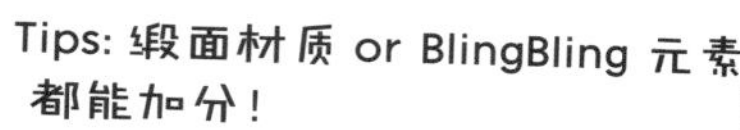

Tips: 缎面材质 or BlingBling 元素都能加分！

No.2 白雪公主篇

迪士尼里的头号白富美，最爱的竟然是三原色套装，现实生活中我们可能绕道而行的配色，竟然成了童话世界的经典撞色，所以你也放开了胆子尝试一次吧。

宝蓝色紧身针织衫 / 吊带背心 / 胸衣
X 黄色纱裙 /A 字裙 / 伞裙
X 黄色跟鞋 / 黄色帆布鞋
X 红色蝴蝶结发饰
X 苹果 / 小矮人元素饰品
X 白雪公主周边的背包

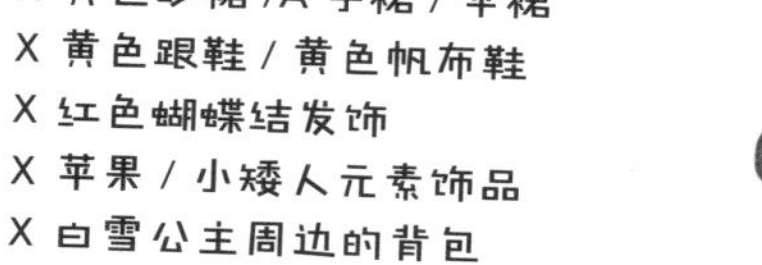

Cinderella

No.3 灰姑娘辛德瑞拉

逆袭的灰姑娘是几位公主里穿得最素雅的，还能让王子一见倾心并念念不忘，绝对要好好学习下。

洋蓝色连衣裙 / 洋蓝色胸衣 + 半身裙
X 蓝色发带 / 蝴蝶结
X 黑色 choker
X 洋蓝色跟鞋
X 灰姑娘相关元素配饰

Tips: 迪士尼园区里南瓜车的爆米花桶，绝对是灰姑娘大爱，如果你恰好遇到，千万不要错过。

No.4 米妮

米妮是迪士尼里的当家花旦，也是被模仿最多的明星人物。中国娃娃式的发髻，在东京迪士尼中随处可见，模仿了米妮的两个大耳朵。另外，同样能体现米老鼠形象的，还有墨镜。

红色白底波点裙装
/ 黑色连衣裙
X 红色皮鞋 / 帆布鞋
X 米妮头饰 / 中国娃娃式发髻

如果想图省事成套购买，园区内就有，我买了米妮套装，但还心心念着长毛怪的衣服，非常多的款式可以挑选，但要效果好，记得衣服、袜套、配饰一个都不能少。

No.5 欧美风格

T恤、牛仔裤、衬衫这些中性风格的基础款单品，也能穿出迪士尼的童话乐趣！而且更适合欧美地区的迪士尼乐园。

迪士尼人物的T恤/衬衫/夹克
X 副镜可上翻的墨镜
X 迪士尼头饰
X 迪士尼背包
X 迪士尼元素饰品

No.6 好朋友

长毛怪萨利和大眼怪麦克的铁磁关系足以展现你们的亲密。而且鲜艳靓丽的配色，搞怪的表情，也是选择他们的一大原因。

No.7 闺蜜

东京的迪士尼里总能看到三五成群的女生们统一穿着学生制服出现。

领结、水手服、毛衫、袜套……再搭配上一个迪士尼头饰，走在游乐园里面，吸睛率也是百分百。统一着装的闺蜜越多，效果越棒。

No.8 情侣装

如果情侣出行，体现满满爱意，我首推蛋头先生和蛋头太太。虽然样子傻萌不抢风头，但却是一对恩爱好夫妻。他们不仅是全美第一个上电视广告的玩具，还在《玩具总动员 3》中大秀恩爱。蛋头先生风趣幽默、温柔又爱妻，把自己最好的一切都给了蛋头太太，而蛋头太太是蛋头先生的头号粉丝，她崇拜勇敢的蛋头先生，并且总愿意助他一臂之力。所以我觉得他们之间诠释了最好的夫妻相处之道。

到哪里购买？

迪士尼园区的礼品店里就可以哦，我第一次去的是东京迪士尼，觉得方便轻松最重要，就穿了牛仔裤和卫衣，结果进了园区就觉得格格不入，第一件事就是跑到园区里销售迪士尼服装的店铺里搭了一整套衣服，才美滋滋地开始我的梦幻之旅。

图书在版编目（CIP）数据

时髦星球 / 齐奕著. -- 长春 : 吉林科学技术出版社, 2019.5
ISBN 978-7-5578-5148-4

Ⅰ. ①时… Ⅱ. ①齐… Ⅲ. ①服饰美学 Ⅳ. ①TS941.11

中国版本图书馆CIP数据核字(2018)第236959号

时髦星球

SHIMAO XINGQIU

著　　齐　奕
出 版 人　李　梁
责任编辑　冯　越
插画设计　梁赛丹　齐　奕
封面设计　张　虎
制　　版　梁赛丹
制　　图　长春市一行平面设计有限公司
幅面尺寸　167mm×235mm
字　　数　300千字
印　　张　15
印　　数　1—5 000册
版　　次　2019年5月第1版
印　　次　2019年5月第1次印刷

出　　版　吉林科学技术出版社
发　　行　吉林科学技术出版社
地　　址　长春市生态大街与福祉大路交汇出版集团A座
邮　　编　130021
发行部电话/传真　0431-81629529　81629530　81629531
81629532　81629533　81629534
储运部电话　0431-86059116
编辑部电话　0431-81629518
网　　址　www.jlstp.net
印　　刷　吉广控股有限公司

书　　号　ISBN 978-7-5578-5148-4
定　　价　49.90元